网络技术系列丛书
高等职业技术教育"十三五"规划教材

计算机
网络技术项目实践

主　编○王崇刚　王道乾
副主编○王　越　刘　瑾

西南交通大学出版社
·成都·

内容简介

本书是依据高等职业院校计算机网络技术专业实训教学的要求而编写的。本书从先进性和实用性出发，系统地介绍了计算机网络基本实训、网络综合布线实训、网络组网及交换机路由器配置实训、网络服务器安装及配置实训。本书针对高职的特点，侧重于实际应用和动手能力的培养，以提高学习者分析问题、解决问题的能力。

本书既可以作为高等职业院校计算机网络、通信等电子信息类专业学生的教材，也可以供从事计算机网络及相关工作的工程人员学习参考。

图书在版编目（CIP）数据

计算机网络技术项目实践／王崇刚，王道乾主编．
—成都：西南交通大学出版社，2016.8
（网络技术系列丛书）
高等职业技术教育"十三五"规划教材
ISBN 978-7-5643-5002-4

Ⅰ.①计… Ⅱ.①王… ②王… Ⅲ.①计算机网络 – 高等职业教育 – 教材 Ⅳ.①TP393

中国版本图书馆 CIP 数据核字（2016）第 208305 号

网络技术系列丛书
高等职业技术教育"十三五"规划教材

计算机网络技术项目实践	主编	王崇刚 王道乾	责任编辑	黄庆斌
			助理编辑	秦明峰
			封面设计	何东琳设计工作室

印张	7.25　字数　161千	出版 发行	西南交通大学出版社
成品尺寸	185 mm × 260 mm	网址	http://www.xnjdcbs.com
版本	2016年8月第1版	地址	四川省成都市二环路北一段111号 西南交通大学创新大厦21楼
印次	2016年8月第1次	邮政编码	610031
印刷	四川煤田地质制图印刷厂	发行部电话	028-87600564　028-87600533
书号：	ISBN 978-7-5643-5002-4	定价：	22.00元

课件咨询电话：028-87600533
图书如有印装质量问题　本社负责退换
版权所有　盗版必究　举报电话：028-87600562

前　言

随着社会信息化、大数据、电子商务、各类计算机资源共享等应用需求的迅速发展，各行业急需大量掌握计算机网络基础知识和拥有一定计算机管理、维护技能的专门人才。

本书作为《计算机网络技术》教材配套的项目实践书籍，在编写过程中立足于高等职业教育特点，基于"工作过程"为导向的高职人才培养模式和教学理念，本着"理论够用，实践为主"的原则，结合计算机网络技术基础的特点，向读者介绍计算机网络基础、网络综合布线、网络组网、服务器配置等方面的技术知识，同时提高计算机网络专业学生的动手实践能力。《计算机网络技术项目实践》在保证内容丰富的前提下，注重理论与实际的结合，培养学生发现问题、分析问题和解决问题的能力。

《计算机网络技术项目实践》实训项目内容的安排遵循由浅到深，由易到难的原则。考虑到不同层次不同专业的需要，既有测试、验证的内容，也有设计、研究性的内容，有些实训只提供设计要求，由学生自己完成方案选择、实训步骤等，充分发挥学生的创造性和主动性。全书共分为四个项目，具体内容分别是网络基本概念及简单应用实训、网络综合布线实训、网络组建实训、服务器安装及配置实训。全书结构清晰明了，内容循序渐进，适合不同层次学生的需求。

本书由贵州职业技术学院信息工程学院王道乾编写项目一，贵州职业技术学院信息工程学院王崇刚编写项目二、项目三，由贵州职业技术学院信息工程学院王道乾、贵州交通职业技术学院信息工程系王越和贵州省贸易经济学校刘瑾编写了项目三部分内容和项目四。

本项目实践在编写过程中，难免有错误和不妥之处，敬请各位读者批评指正，以不断提高本教材的质量。

编　者

2016 年 5 月

目 录

项目一　网络基本概念及简单应用实训 …………………………………………………… 1
项目二　网络综合布线实训 ………………………………………………………………… 3
　实训一　制作 RJ45 水晶头 ……………………………………………………………… 3
　实训二　打线训练 ………………………………………………………………………… 9
　实训三　安装信息插座 ………………………………………………………………… 10
　实训四　安装数据配线架 ……………………………………………………………… 16
　实训五　安装 110 语音配线架 ………………………………………………………… 19
　实训六　光纤连接器的互连 …………………………………………………………… 23
　实训七　光纤熔接 ……………………………………………………………………… 24
　实训八　认证测试 ……………………………………………………………………… 26
　实训九　常用电动工具的使用 ………………………………………………………… 33
　实训十　PVC 线槽成型 ………………………………………………………………… 36
　实训十一　综合布线方案设计 ………………………………………………………… 42
　实训十二　图纸绘制 …………………………………………………………………… 45
项目三　网络组建实训 …………………………………………………………………… 50
　实训一　Windows 对等网建设 ………………………………………………………… 50
　实训二　基于服务器网络的组建 ……………………………………………………… 53
　实训三　综合实训——子网的建立与测试 …………………………………………… 54
　实训四　交换机基本配置命令和端口配置 …………………………………………… 54
　实训五　VLAN 的基础配置 …………………………………………………………… 65
　实训六　路由器的基本配置 …………………………………………………………… 68
　实训七　路由协议配置 ………………………………………………………………… 74
　实训八　基于动态路由协议的综合实训 ……………………………………………… 79
项目四　服务器安装及配置实训 ………………………………………………………… 91
　实训一　Windows2000 Server 服务器的安装 ………………………………………… 91
　实训二　网络配置及网络资源共享 …………………………………………………… 91
　实训三　NTFS 用户权限设置 ………………………………………………………… 92

实训四	Windows2000 Server 下活动目录的安装	92
实训五	基于 IIS 的 WWW 和 FTP 服务	93
实训六	DNS 服务器与 DHCP 服务器的安装和配置	93
实训七	Windows2000 Server 路由配置	94
实训八	基于 AR28-31 路由器的访问控制列表（ACL）	94
实训九	地址转换（NAT）	102

参考文献 109

项目一 网络基本概念及简单应用实训

一、实训目的

（1）单机系统软件的安装方法。
（2）网卡设备驱动程序的安装方法。
（3）掌握获取 Internet 资源的方法，掌握 Internet 搜索引擎的使用，熟练掌握电子邮件（E-mail）的使用。

二、实训环境

（1）具备 Internet 环境的 Windows 2000 操作系统的计算机。
（2）Ghost、网卡驱动程序。

三、实训步骤

1. 安装单机系统

计算机的主机首先要安装操作系统，Windows 2000 系统是常用的操作系统之一，由于本实训中需要进行多次操作，基于 Windows 2000 的基本安装我们在计算机组装实训中已经操作过了，这里就不再重复操作。下面以磁盘克隆软件 Ghost 为例来说明系统的还原方法。

（1）Ghost 软件介绍。

Ghost 是著名的硬盘复制与还原软件，不仅可以进行硬盘到硬盘的克隆，也可以进行分区到分区的克隆。

软件包括菜单项如下。

"Local"：本地硬盘间的备份。
"LPT"：网络硬盘间的备份。
"Option"：设置（一般不做调整，使用默认值）。
"Quit"：退出。

作为单机用户，我们只选择"Local"，其包括以下选项。

- "Disk"硬盘操作选项。
    "To Disk"：硬盘到硬盘完全拷贝。
    "To Image"：硬盘内容备份成镜像文件（*.gho）。
    "From Image"：从镜像文件恢复到硬盘。

- "Partition"硬盘分区操作选项。
  - "To Partition"：分区到分区完全拷贝。
  - "To Image"：分区内容备份成镜像文件。
  - "From Image"：从镜像文件复原到分区。
  - "check"：检查功能选项。

（2）操作步骤（划线部分为键盘输入命令）。

- 进入 DOS 界面：
  插入 win 98 启动光盘或软盘，然后重新启动计算机；或重新启动计算机时选择安装 win 98 dos 系统（按"F8"键选择）。
- 运行 Ghost 软件：
  C：\>D：
  D：\>CD \SETUP\GHOST
  D：\SETUP\GHOST>GHOST
- 恢复镜像文件：
  选择"Local"→"Partition"→"From Image"（从镜像文件恢复系统）；
  选择镜像文件（Win 2000.gho）要恢复的源分区，单击"ok"；
  选择镜像恢复的目标分区，选择"2"（注意千万不可选错）；
  提示是否确定还原，当然选择"YES"。
- 恢复完毕，提示你重新启动计算机，按"回车"键，系统恢复到和你备份前一模一样。

2. 安装网卡设备驱动程序

安装在计算机中的硬件设备必须安装相应的设备驱动程序才能正常使用，如主板、显示卡、声卡等，所以网卡设备也要安装驱动程序方能使用，网卡的驱动程序在"D:\SETUP\net"文件夹中。

- 网卡驱动程序的安装：鼠标右击"我的电脑"→"属性"，选择"硬件"选项卡，单击"设备管理器"，查找是否带有"?"或"!"的"PCI ETHERNET CARD"项，若有的话则选中再单击"删除"按钮，单击"刷新"按钮或者选择"硬件扫描改动"，这时系统会自动找到网卡设备，单击"下一步"，提示输入网卡驱动程序时，单击"浏览"，找到"D：\Setup\NET"文件夹，该文件夹中有3个子文件夹："8029""8139""ME301"，选择其中一个的"windows 2000"，单击"下一步"，若屏幕提示"没有相应的设备驱动程序"，则单击"上一步"重新选择直到找到合适的驱动程序为止。
- 若网卡驱动程序安装正确，则在重新启动计算机后，就能够进入 Windows 桌面，在桌面上有"网上邻居"图标。

项目二　网络综合布线实训

实训一　制作 RJ45 水晶头

一、实训目的

（1）掌握用 RJ45 水晶头制作网线接头的方法。
（2）掌握 T568A 和 T568B 标准使用 RJ45 水晶头制作网线接头的方法。

二、实训环境

（1）双绞线、RJ45 水晶头及综合布线工具箱中的剥线钳、压线钳。
（2）多功能综合布线实训台。

三、实训步骤

（1）剥线。
用双绞线剥线器将双绞线塑料外皮剥去 2～3 cm（如图 2-1-1）。

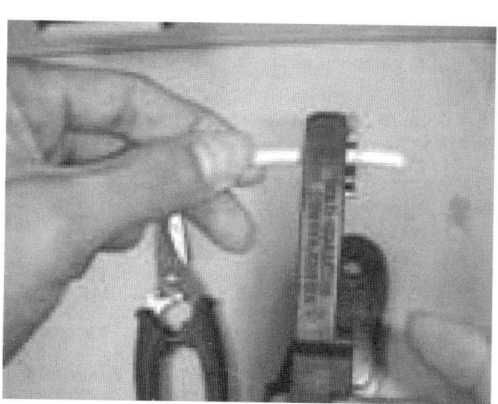

图 2-1-1　剥线

（2）排线。
将绿色线对与蓝色线对放在中间位置，而橙色线对与棕色线对放在靠外的位置，形成左一橙、左二蓝、左三绿、左四棕的线对次序（如图 2-1-2）。

图 2-1-2　排线

（3）理线。

小心地剥开每一根线对（开绞），并将线芯按 T568B 标准排序，特别注意要将白绿线芯从蓝和白蓝线对上交叉至 3 号位置，将线芯拉直压平、挤紧理顺（朝一个方向紧靠，如图 2-1-3）。

图 2-1-3　理线

（4）剪切。

将裸露出的双绞线芯用压线钳、剪刀、斜口钳等工具整齐地剪切，只剩下约 13 mm 的长度（如图 2-1-4）。

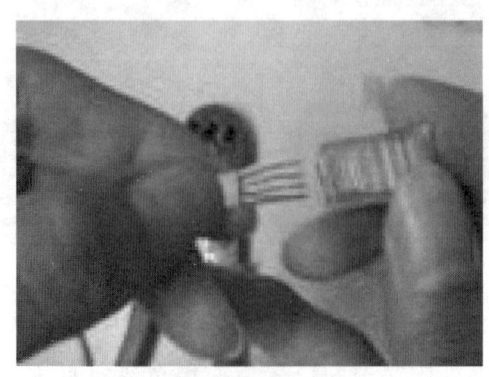

图 2-1-4　剪切

（5）插入。

一只手以拇指和中指捏住水晶头，并用食指抵住，水晶头的方向是金属引脚朝上、弹片朝下。另一只手捏住双绞线，用力缓缓将双绞线 8 根导线依序插入水晶头，并一直插到 8 个凹槽顶端（如 2-1-5）。

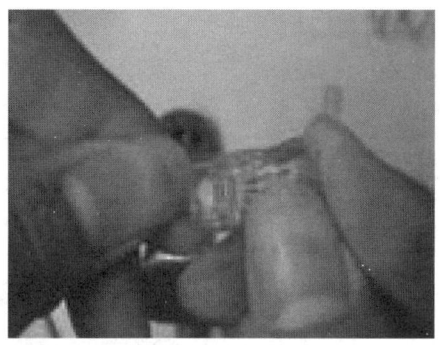

图 2-1-5　插入

（6）检查。

检查水晶头正面，查看线序是否正确；检查水晶头顶部，查看 8 根线芯是否都插入到顶部（如图 2-1-6）（为减少水晶头的浪费，（1）至（6）可重复练习，熟练后再进行下一步）。

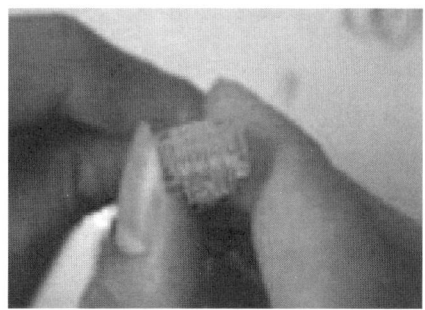

图 2-1-6　检查

（7）压接。

确认无误后，将 RJ45 水晶头推入压线钳夹槽后，用力握紧压线钳，将突出在外面的针脚全部压入 RJ45 水晶头内，RJ45 水晶头与网线连接完成（如图 2-1-7）。

图 2-1-7　压接

（8）制作跳线。

用同一标准在双绞线另一侧安装水晶头，完成直通网络跳线的制作。另一侧用T568A标准安装水晶头，则完成一根交叉网线的制作（如图2-1-8）。

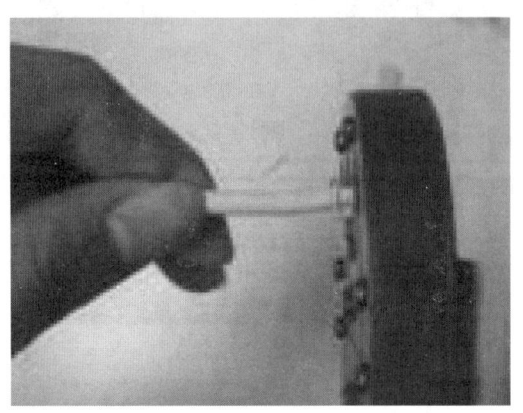

图 2-1-8　制作跳线

（9）测试。

用综合布线实训台上的测试装置或工具箱中简单线序测试仪对网络进行测试，会有直通网线通过、交叉网线通过、开路、短路、反接、跨接等显示结果。

RJ45水晶头的保护胶套可防止跳线拉扯时造成接触不良，如果水晶头要使用这种胶套，需在连接RJ45水晶头之前将胶套插在双绞线线缆上，连接完成后再将胶套套上（如图2-1-9）。

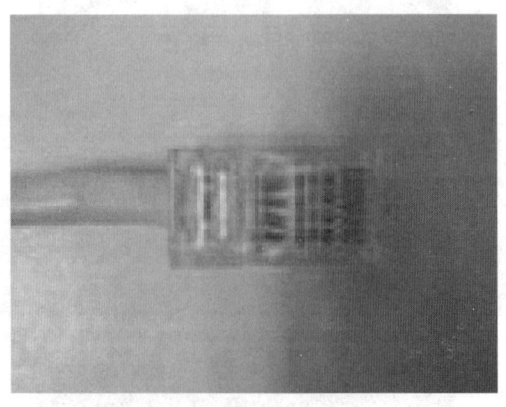

图 2-1-9　测试

附：T568A 和 T568B 标准（如图 2-1-10）；直连线和交叉线应用范围（如图 2-1-11）。

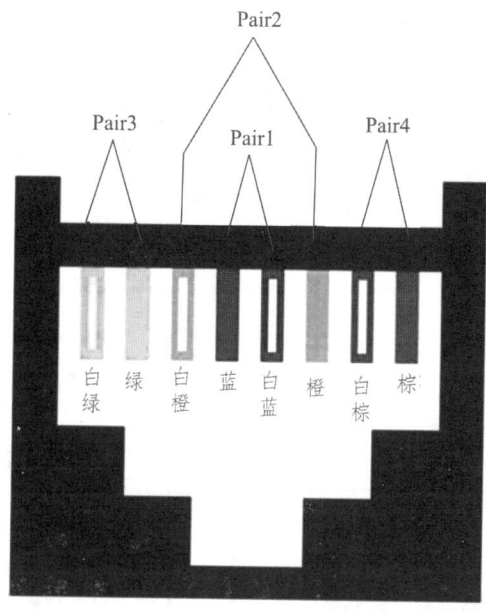

（a）T568A

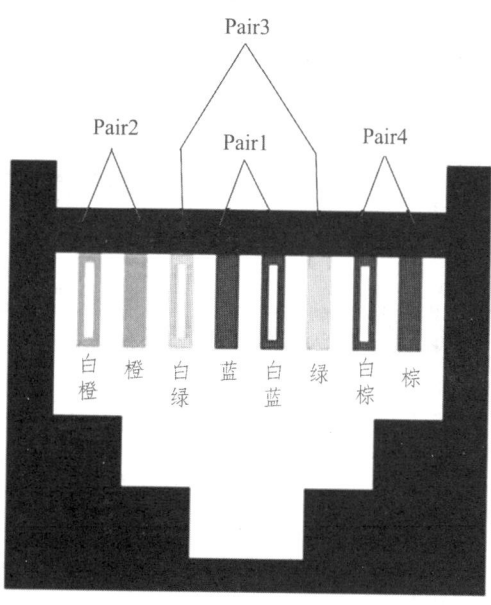

（b）T568B

图 2-1-10　T568A 和 T568B 标准

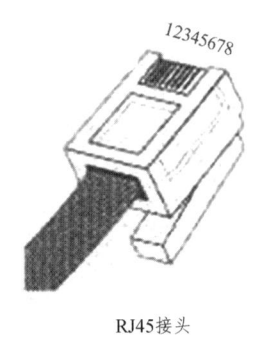

RJ45接头

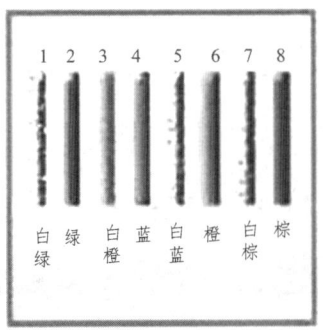

T568A

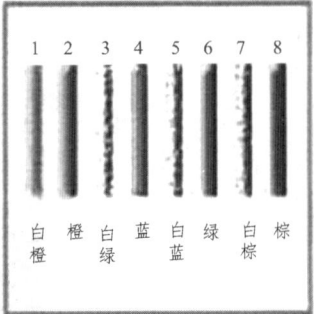

T568B

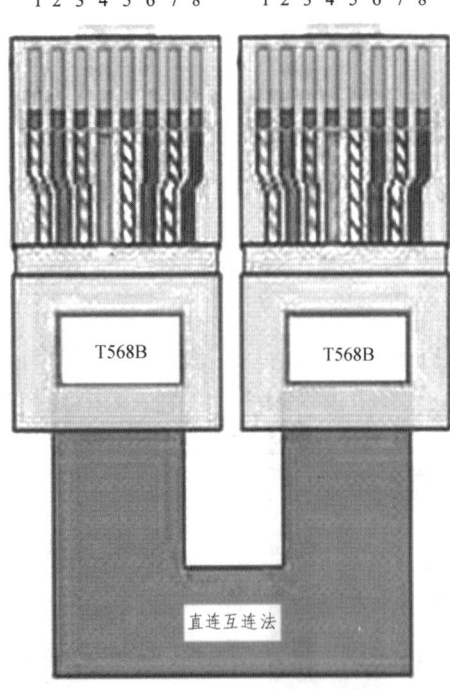

直连互连法

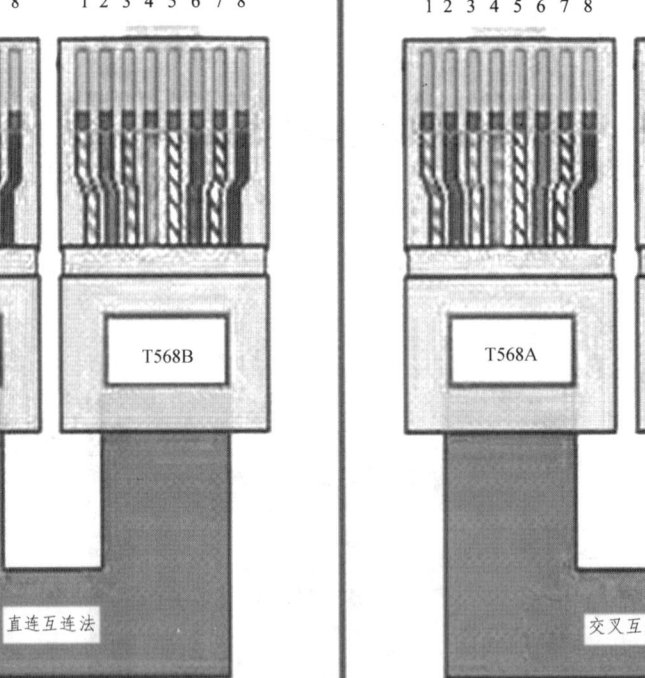

交叉互连法

一、直连线互连

网线的两端均按T568B接

1. 计算机 ←——————→ ADSL Modem
2. ADSL Modem ←——————→ ADSL路由器的WAN口
3. 计算机 ←——————→ ADSL路由器的LAN口
4. 计算机 ←——————→ 集线器或交换机

二、交叉互连

网线的一端按T568B接，另一端按T568A接

1. 计算机 ←——————→ 计算机，即对等网连接
2. 集线器 ←——————→ 集线器
3. 交换机 ←——————→ 交换机
4. 路由器 ←——————→ 路由器

图 2-1-11 直连线和交叉线应用范围

实训二 打线训练

一、实训目的

（1）掌握信息模块、打线式数据配线架、110语音配线架的打线操作方法。
（2）掌握剥线钳、压线钳、110打线工具使用方法。

二、实训环境

（1）多功能综合布线实训台。
（2）双绞线、电话线、剥线钳、压线钳、110打线工具。

三、实训步骤

（1）准备。
每人准备6根UTP双绞线线段，长约10 cm（可以更长）。
（2）剥皮。
用双绞线剥线器将线段一端的双绞线塑料外皮剥去1.5~2 cm。
（3）开绞。
小心地剥开每一根线对，按打线装置上规定的线序进行排序。
（4）打线。
从左起第一个接口开始打线，先打上排接口，按打线装置上规定的线序打线：先将8根线芯按序轻轻卡入槽口中，右手紧握110打线工具（刀口朝外），将线芯一一打入槽口的卡槽触点上，每打一次都有一声清脆的响声，同时将多余的线头剪断。然后打接下排接口，每根线芯打接至下排对应槽口，每完成一根打接，对应指示灯亮起。

（5）重复步骤1至5，共重复6次（如图2-2-1），完成6根UTP双绞线共48次的打线。

（6）重复步骤6至12，共重复12次（如图2-2-1），每位同学可进行多轮次的打线训练。

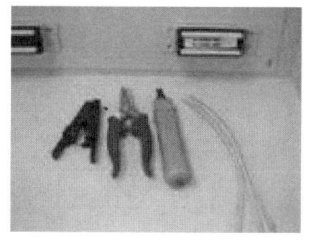
（a）步骤1

（b）步骤2

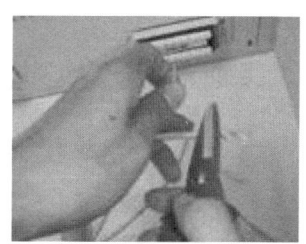
（c）步骤3

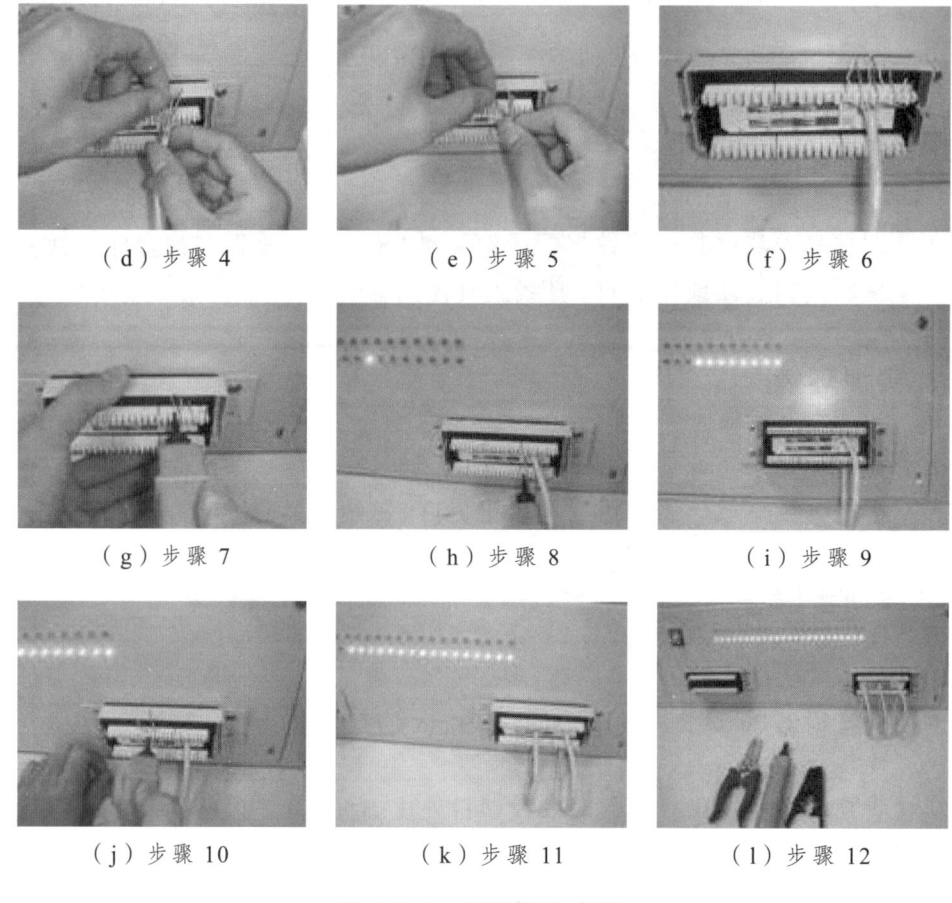

图 2-2-1 打线训练步骤

实训三 安装信息插座

一、实训目的

（1）掌握信息插座安装方法。
（2）掌握信息插座中信息模块端接方法。

二、实训环境

（1）多功能综合布线实训台。
（2）综合布线工具箱中的剥线钳、压线钳、110打线工具；UTP双绞线、打线式信息模块、免打式信息模块。

三、实训步骤

信息模块分打线模块（又称冲压型模块）和免打线模块（又称扣锁端接帽模块）两种。打线模块需要用打线工具将每个线缆线对的线芯端接在信息模块上，扣锁端接帽模块使用一个塑料端接帽把每根导线端接在模块上，也有其他类型的模块既可用打线工具也可用塑料端接帽压接线芯（如下面介绍的 MOU456-WH 模块）。所有模块的每个端接槽都有 T568A 和 T568B 接线标准的颜色编码，通过这些编码可以确定双绞线线缆每根线芯的确切位置。下面以两种信息模块的端接为例，介绍信息模块的端接步骤。

（1）打线信息模块 MOU456-WH 端接步骤。

打线信息模块端接步骤如图 2-3-1 所示。

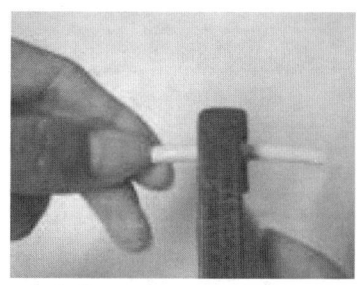

（a）把线的外皮用剥线器剥开

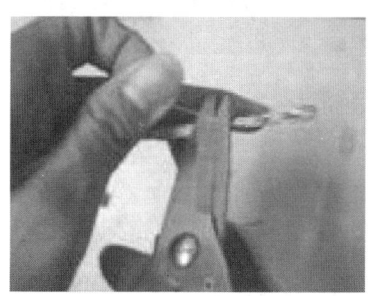

（b）用剪刀把线缝撕裂绳剪断

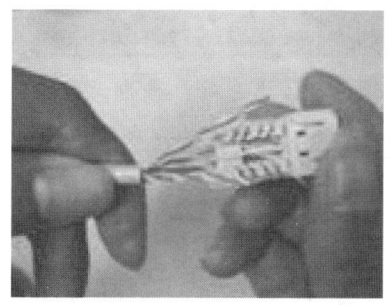

（c）按照模块上的 B 标分剥去 2~3 cm，线对放入相应的位置

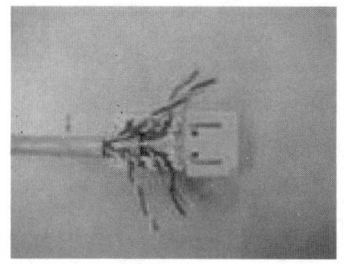

(d) 各个线对不用打开直接放入相应位置

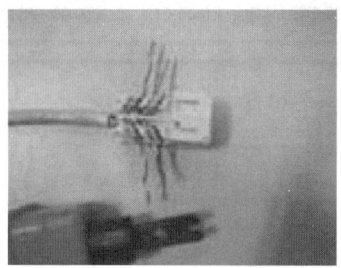

(e) 当线对都放入相应的位置后对各线对进行检查是否正确

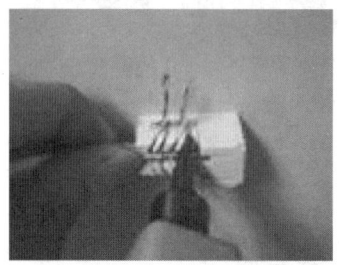

(f) 用准备好的单用打线刀（刀要与模块垂直，刀口向外）
逐条压入并打断多余的线

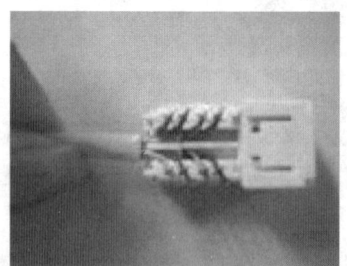

(g) 把各线压入模块后再检查一次保护帽

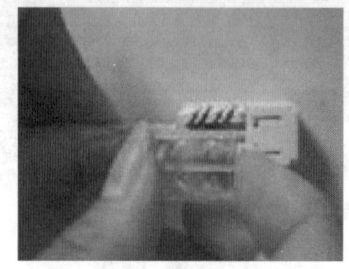

(h) 无误后给模块安装

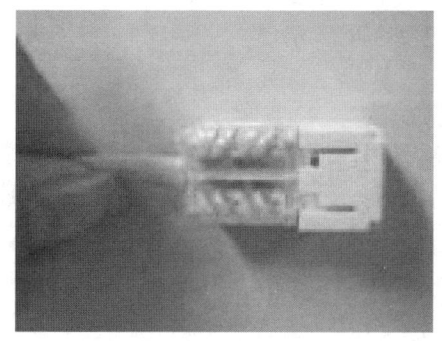

（i）一个模块安装完毕

图 2-3-1 打线信息模块端接步骤

（2）免打线信息模块 MOU45E-WH（如图 2-3-2 所示为免打线信息模块 MOU45E-WH）端接步骤。

图 2-3-2 免打线信息模块 MOU45E-WH

① 用双绞线剥线器将双绞线塑料外皮剥去 2~3 cm。
② 按信息模块扣锁端接帽上标定的 B 标（或 A 标）线序打开双绞线。
③ 理平、理直线缆，斜口剪齐导线（便于插入），如图 2-3-3 所示。

图 2-3-3 理平、理直线缆，斜口剪齐导线

④ 线缆按标示线序方向插入至扣锁端接帽，注意开绞长度（至信息模块底座卡接点）不能超过 13 mm，如图 2-3-4 所示。

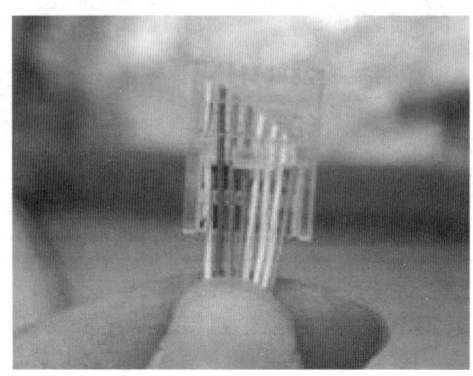

图 2-3-4　线缆插入至扣锁端接帽

⑤ 将多余导线拉直并弯至反面，如图 2-3-5 所示。

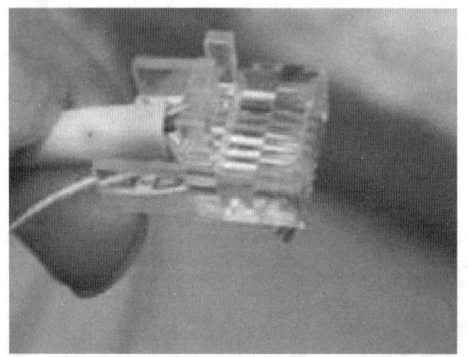

图 2-3-5　导线拉直弯至反面

⑥ 从反面顶端处剪平导线，如图 2-3-6 所示。

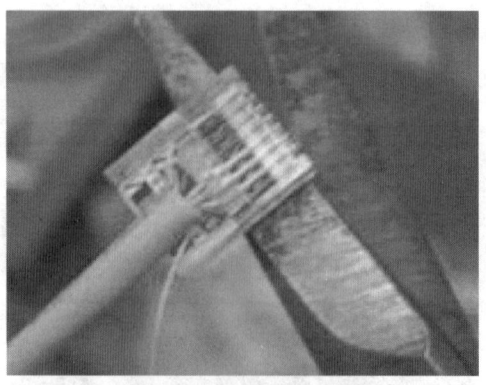

图 2-3-6　从反面顶端处剪平线缆

⑦ 用压线钳的硬塑套将扣锁端接帽压接至模块底座，如图 2-3-7 所示，也可用如图 2-3-8 所示的钳子压接。

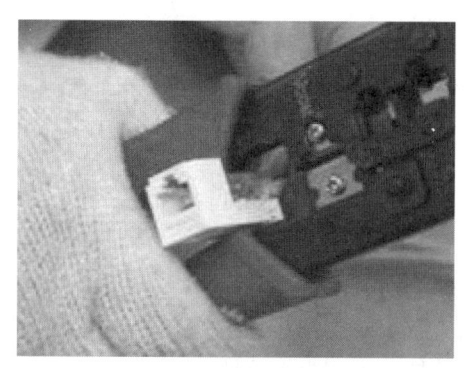
图 2-3-7 用压线钳的硬塑套压接

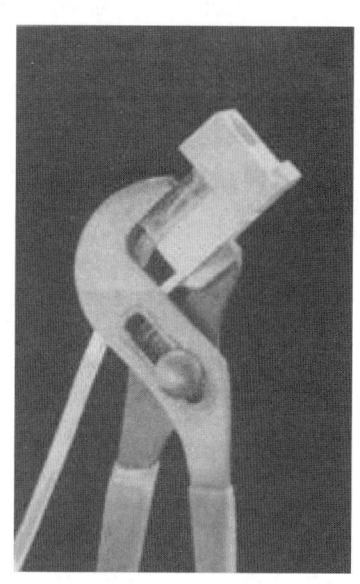
图 2-3-8 用钳子压接

⑧ 模块端接完成，如图 2-3-9 所示。

图 2-3-9 模块端接完成

（3）信息插座安装步骤。

① 将双绞线从线槽或线管中通过进线孔拉入信息插座底盒中。

② 为便于端接、维修和变更，线缆从底盒拉出后预留 15 cm 左右长度，再将多余部分剪去。

③ 端接信息模块。

④ 将多余线缆盘于底盒中。

⑤ 将信息模块插入面板中。

⑥ 合上面板，紧固螺钉，插入标识，完成安装。

实训四 安装数据配线架

一、实训目的

（1）掌握固定式数据配线架、模块式数据配线架的安装方法。

（2）对配线架在机柜中安装时考虑有源交换设备散热、进线方式等多方面因素，从而达到美观、便于管理。

二、实训环境

（1）UTP双绞线、固定式数据配线架、模块式数据配线架。

（2）综合布线工具箱中的剥线钳、压线钳、110打线工具。

（3）多功能综合布线实训台。

三、实训步骤

1. 数据配线架安装基本要求

（1）为了管理方便，"配线间"的数据配线架和网络交换设备一般都安装在同一个19英寸的机柜中。

（2）根据楼层信息点标识编号，按顺序安放配线架，并画出机柜中配线架信息点分布图，便于安装和管理。

（3）线缆一般从机柜的底部进入，所以通常配线架安装在机柜下部，交换机安装在机柜上部，也可根据进线方式作出调整。

（4）为美观和管理方便，机柜正面配线架之间和交换机之间要安装理线架，跳线从配线架面板的RJ45端口接出后通过理线架从机柜两侧进入交换机间的理线架，然后再接入交换机端口。

（5）对于要端接的线缆，先以配线架为单位，在机柜内部进行整理，用扎带绑扎，将多余的线缆盘放在机柜的底部后再进行端接，使机柜内整齐美观，便于管理和使用。

数据配线架有固定式（横、竖结构）和模块化配线架。下面分别给出两种配线架的安装步骤，同类配线架的安装步骤大体相同。

2. 固定式配线架安装步骤

（1）将配线架固定到机柜合适位置，在配线架背面安装理线环。

（2）从机柜进线处开始整理线缆，线缆沿机柜两侧整理至理线环处，使用绑扎带固定好线缆，一般6根线缆作为一组进行绑扎，将线缆穿过理线环摆放至配线架处。

(3)根据每根线缆连接接口的位置,测量端接线缆应预留的长度,然后使用压线钳、剪刀、斜口钳等工具剪断线缆。

(4)根据选定的接线标准,将T568A或T568B标签压入模块组插槽内。

(5)根据标签色标排列顺序,将对应颜色的线对逐一压入槽内,然后使用打线工具固定线对连接,同时将伸出槽位外多余的导线截断,如图2-4-1所示。

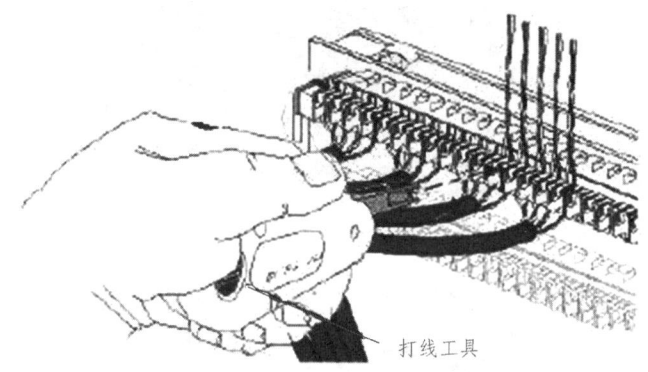

图 2-4-1 将线对逐次压入槽位并打压固定

(6)将每组线缆压入槽位内,然后整理并绑扎固定线缆,如图 2-4-2 所示,固定式配线架安装完毕。

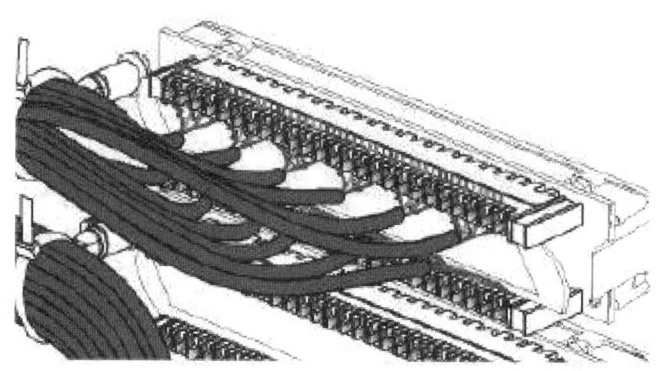

图 2-4-2 整理并绑扎固定线缆

3. 模块化配线架的安装步骤

(1)前面步骤同固定式配线架安装过程(1)~(3)。
(2)按照上述信息模块的安装过程端接配线架的各信息模块。
(3)将端接好的信息模块插入到配线架中。
(4)模块式配线架安装完毕。

4. 配线架端接实例

(1)图 2-4-3 为模块化配线架端接的机柜内部示意图(信息点多)。

图 2-4-3　模块化配线架端接后机柜内部示意图

（2）图 2-4-4 为固定式配线架（横式）端接后机柜内部示意图（信息点少）。

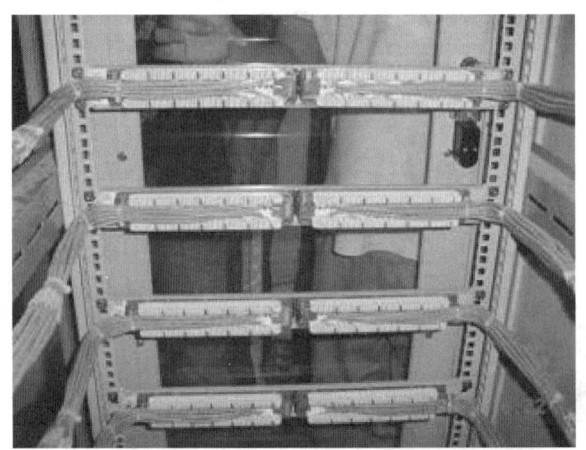

图 2-4-4　固定式配线架（横式）端接后机柜内部示意图

（3）图 2-4-5 为固定式配线架（竖式）端接后配线架背部示意图。

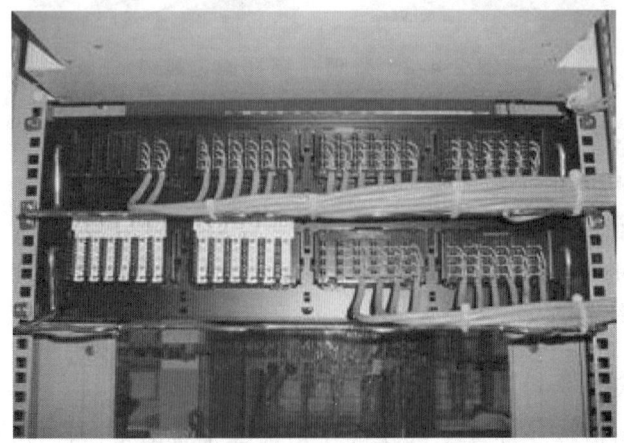

图 2-4-5　为固定式配线架（竖式）端接后配线架背部示意图

实训五　安装110语音配线架

一、实训目的

（1）认识25对大对数双绞线。
（2）掌握19英寸110语音配线架安装方法。

二、实训环境

（1）25对大对数双绞线、4对UTP双绞线、19英寸110语音配线架。
（2）综合布线工具箱中的剥线钳、压线钳、110打线工具。
（3）多功能综合布线实训台。

三、实训步骤

（1）将配线架固定到机柜合适位置。
（2）从机柜进线处开始整理线缆，线缆沿机柜两侧整理至配线架处，并留出大约25 cm的大对数线缆，用电工刀或剪刀把大对数线缆的外皮剥去，使用绑扎带固定好线缆，将线缆穿110语音配线架左右两侧的进线孔，摆放至配线架打线处（步骤如图2-5-1所示）。

（a）把25对线固定在机柜上

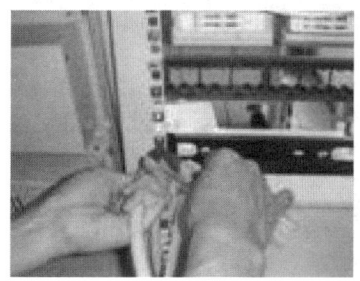

（b）用刀把大对数线缆外皮剥去

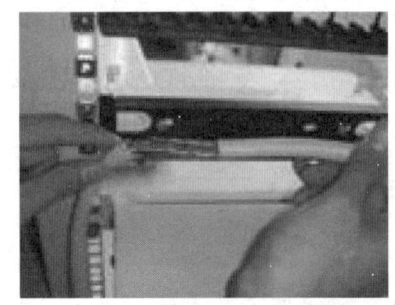

（c）把线的外皮去掉

图 2-5-1 整理线缆、剥皮的步骤

（3）25对线缆进行线序排线（如图2-5-2所示），首先进行主色分配，再进行配色分配，标准分配原则如下述。

通信线缆色谱排列如下。

① 线缆主色为：白、红、黑、黄、紫。

② 线缆配色为：蓝、橙、绿、棕、灰。

一组线缆为25对，以色带来分组，一共有25组，分别如下。

① 白蓝、白橙、白绿、白棕、白灰。

② 红蓝、红橙、红绿、红棕、红灰。

③ 黑蓝、黑橙、黑绿、黑棕、黑灰。

④ 黄蓝、黄橙、黄绿、黄棕、黄灰。

⑤ 紫蓝、紫橙、紫绿、紫棕、紫灰。

1～25对线为第一小组，用白蓝相间的色带缠绕。

26～50对线为第二小组，用白橙相间的色带缠绕。

51～75对线为第三小组，用白绿相间的色带缠绕。

76～100对线为第四小组，用白棕相间的色带缠绕。

此100对线为1大组用白蓝相间的色带把4小组缠绕在一起。

200对、300对、400对……以此类推。

（a）用剪刀把线缝撕裂，绳剪掉

(b)把所有线对插入

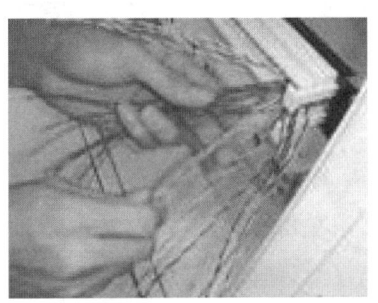

(c)把大对数分线原则在110配线架进线口处进行分线

图 2-5-2　大对数线缆分线步骤

(4)根据线缆色谱排列顺序,将对应颜色的线对逐一压入槽内,然后使用打线工具固定线对连接,同时将伸出槽位外多余的导线截断(如图2-5-3所示)。

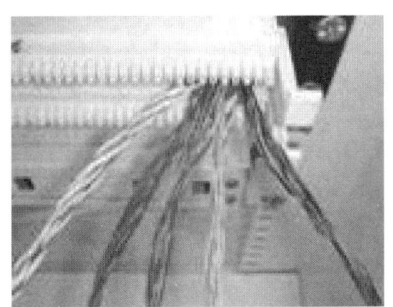

(a)先按主色排列

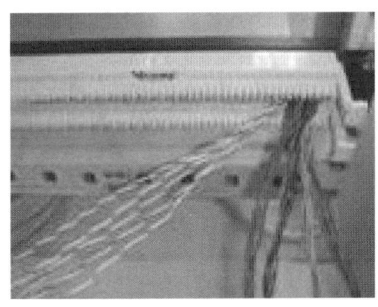

(b)再把主色里的配色进行排列

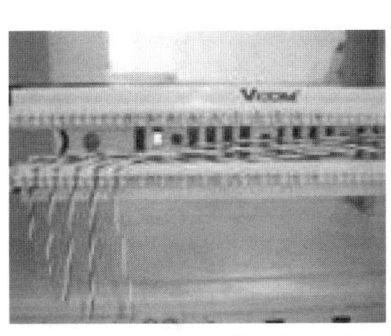

(c)排列后把线卡入相应位置

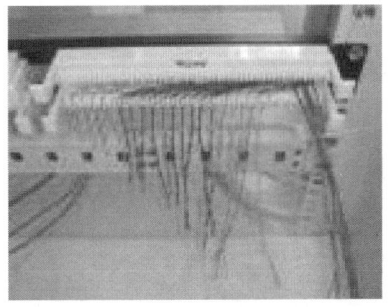

(d)卡好后的效果图

(e)用准备好的单用打线刀逐条压入并打断多余的线
(刀要与配线架垂直,刀口向外)

(f)完成后的效果图

图 2-5-3 大对数线缆压线步骤

(5)当线对逐一压入槽内,再用五对打线刀,把 110 语音配线架的连接端子压入槽内,并贴上编号标签。(如图 2-5-4 所示)

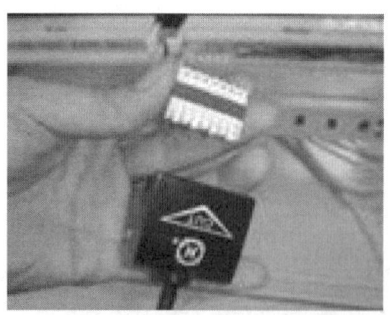

(a)准备好五对打线刀

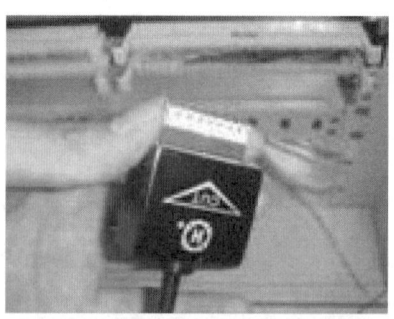

(b)把端子放入打线刀内

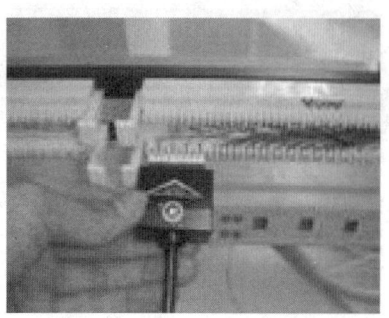

(c)把端子垂直打入 110 配线架端子线内

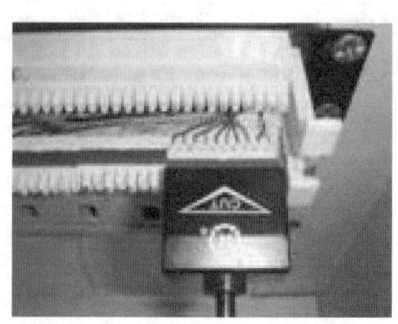

(d)110 配线架端子完成

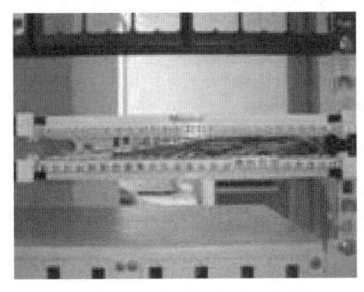 

（e）完成的效果图　　　　（f）完成后可以安装语音跳线
　　　　　　　　　　　　　（四对和一个五对的共 25 对）

图 2-5-4　110 语音配线架端接步骤

实训六　光纤连接器的互连

一、实训目的

（1）认识光纤连接器。
（2）掌握光纤连接器的互连端接方法。

二、实训环境

（1）光纤配线架、ST 光纤跳线（或 ST 连接器）、ST 耦合器。
（2）光纤工具箱。

三、实训步骤

光纤连接器的互连端接比较简单，下面以 ST 光纤连接器为例，说明其互连方法。
（1）清洁 ST 连接器。
拿下 ST 连接器头上的黑色保护帽，用沾有光纤清洁剂的棉花签轻轻擦拭连接器头。
（2）清洁耦合器。
摘下光纤耦合器两端的红色保护帽，用沾有光纤清洁剂的杆状清洁器穿过耦合器孔擦拭耦合器内部以除去其中的碎片，如图 2-6-1 所示。

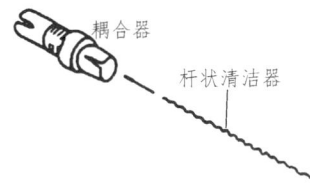

图 2-6-1　用杆状清洁器除去碎片

（3）使用罐装气，吹去耦合器内部的灰尘，如图 2-6-2 所示。

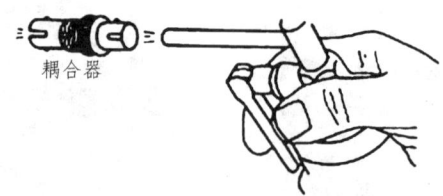

图 2-6-2　用罐装气吹除耦合器中的灰尘

（4）ST 光纤连接器插到一个耦合器中。

将光纤连接器头插入耦合器的一端，耦合器上的突起对准连接器槽口，插入后扭转连接器以使其锁定。如经测试发现光能量耗损较高，则需摘下连接器并用罐装气重新净化耦合器，然后再插入 ST 光纤连接器。在耦合器的两端插入 ST 光纤连接器，并确保两个连接器的端面在耦合器中接触，如图 2-6-3 所示。

图 2-6-3　将 ST 光纤连接器插入耦合器

注意：每次重新安装时，都要用罐装气吹去耦合器的灰尘，并用沾有试剂级的丙醇酒精的棉花签擦净 ST 光纤连接器。

（5）重复以上步骤，直到所有的 ST 光纤连接器都插入耦合器为止。

注意：若短期来不及装上所有的 ST 光纤连接器，则连接器头上要盖上黑色保护帽，而耦合器空白端或未连接的一端（另一端已插上连接头的情况）要盖上红色保护帽。

实训七　光纤熔接

一、实训目的

（1）掌握光纤熔接机的使用方法。
（2）掌握光纤熔接的方法。
（3）掌握光纤熔接过程中熔接机的异常信息和不良熔接处理方法。

二、实训环境

（1）光纤配线架、ST 光纤尾纤、ST 耦合器、多模光缆、热缩套管。
（2）光纤工具箱（开缆工具、光纤切割刀、光纤剥离钳、凯弗拉线剪刀、斜口剪、螺丝批、酒精棉等）及光纤熔接机。

三、实训步骤

1. 光纤熔接步骤

（1）开启光纤熔接机，确定要熔接的光纤是多模光纤还是单模光纤。
（2）测量光纤熔接距离。
（3）用开缆工具去除光纤外部护套及中心束管，剪除凯弗拉线，除去光纤上的油膏。
（4）用光纤剥离钳剥去光纤涂覆层，其长度由熔接机决定，大多数熔接机规定剥离的长度为 2~5 cm。
（5）光纤一端套上热缩套管。
（6）用酒精擦拭光纤，用切割刀将光纤切到规范距离，制备光纤端面，将光纤断头扔在指定的容器内。
（7）打开电极上的护罩，将光纤放入 V 型槽，在 V 型槽内滑动光纤，在光纤端头达到两电极之间时停下来。
（8）两根光纤放入 V 型槽后，合上 V 型槽和电极护罩，自动或手动对准光纤。
（9）开始光纤的预熔。
（10）通过高压电弧放电把两根光纤的端头熔接在一起。
（11）光纤熔接后，测试接头损耗，作出质量判断。
（12）符合要求后，将套管置于加热器中加热收缩，保护接头。
（13）光纤熔接完后放于接续盒内固定。

开缆就是剥离光纤的外护套、缓冲管。光纤在熔接前必须去除涂覆层，为提高光纤成缆时的抗张力，光纤有两层涂覆。由于不能损坏光纤，所以剥离涂覆层是一个非常精密的程序，去除涂覆层应使用专用剥离钳，不得使用刀片等简易工具，以防损伤纤芯。去除光纤涂覆层时要特别小心，不要损坏其他部位的涂覆层，以防在熔接盒内盘绕光纤时折断纤芯。光纤的末端需要进行切割，要用专业的工具切割光纤以使末端表面平整、清洁，并使之与光纤的中心线垂直。切割对于接续质量十分重要，它可以减少连接损耗。未正确处理的表面会引起末端的分离产生额外的损耗。

在光纤熔接中应严格执行操作规程的要求，以确保光纤熔接的质量。

2. 光纤熔接时熔接机的异常信息和不良熔接结果

光纤熔接过程中由于熔接机的设置不当，熔接机会出现异常情况；对光纤操作时，光纤不洁、切割或放置不当等因素，会引起熔接失败。具体情况如表 2-7-1 所示。

表 2-7-1　光纤熔接时熔接机的异常信息和不良熔接结果

信　息	原　因	提　示
设定异常	光纤在V形槽中伸出太长	参照防风罩内侧的标记，重新放置光纤在合适的位置
	切割长度太长	重新剥除、清洁、切割和放置光纤
光纤不清洁或者镜不清洁	镜头或反光镜脏	清洁镜头、升降镜和防风罩反光镜
	光纤表面、镜头或反光镜脏	重新剥除、清洁、切割和放置光纤，清洁镜头、升降镜和风罩反光镜
	清洁放电功能关闭时间太短	如必要时增加清洁放电时间
光纤端面质量差	切割角度大于门限值	重新剥除、清洁、切割和放置光纤，如仍发生切割不良，确认切割刀的状态
超出行程	切割长度太短	重新剥除、清洁、切割和放置光纤
	切割放置位置错误	重新放置光纤在合适的位置
	V形槽脏	清洁V形槽
气泡	光纤端面切割不良	重新制备光纤或检查光纤切割刀
	光纤端面脏	重新制备光纤端面
	光纤端面边缘破裂	重新制备光纤端面或检查光纤切割刀
	预熔时间短	调整预熔时间
太细	锥形功能打开	确保"锥形熔接"功能关闭
	光纤送入量不足	执行"光纤送入量检查"指令
	放电强度太强	如不用自动模式时，减小放电强度
太粗	光纤送入量过大	执行"光纤送入量检查"指令

实训八　认证测试

一、实训目的

（1）掌握电缆分析仪的使用方法。
（2）掌握链路测试的方法。
（3）掌握链路故障类型及解决方法。

二、实训环境

（1）多功能综合布线实训台、中心设备间与通信链路装置。
（2）福禄克、安捷伦电缆分析仪。

三、实训步骤

已安装好的布线系统链路如图 2-8-1 所示。下面使用 FLUKE DTX 电缆分析仪，选择 TIA/EIA 标准，以测试 UTP CAT 6 永久链路为例介绍认证测试过程。

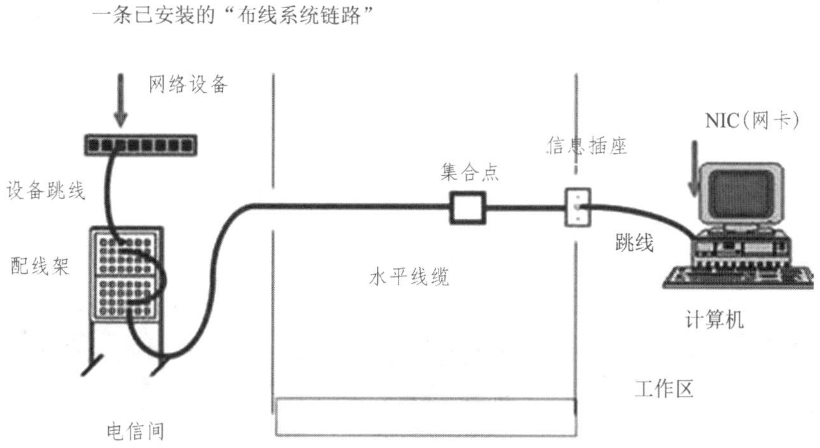

图 2-8-1 布线系统链路示意图

1. 测试步骤

（1）连接被测链路。

将测试仪主机和远端机连上被测链路，因为永久链路测试，就必须用永久链路适配器连接，如图 2-8-2 为永久链路测试连接方式。如果是信道测试，就使用原跳线连接仪表，如图 2-8-3 为信道测试连接方式。

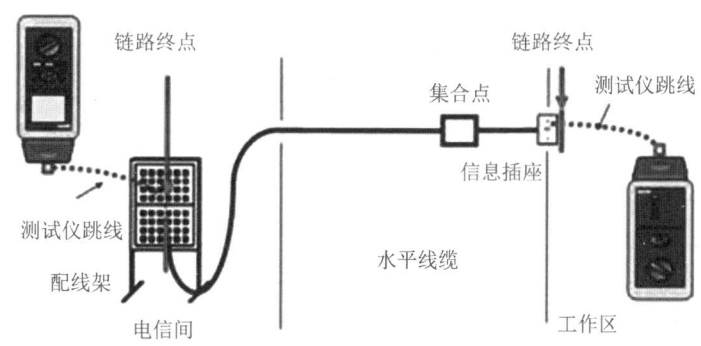

图 2-8-2 永久链路测试连接方式

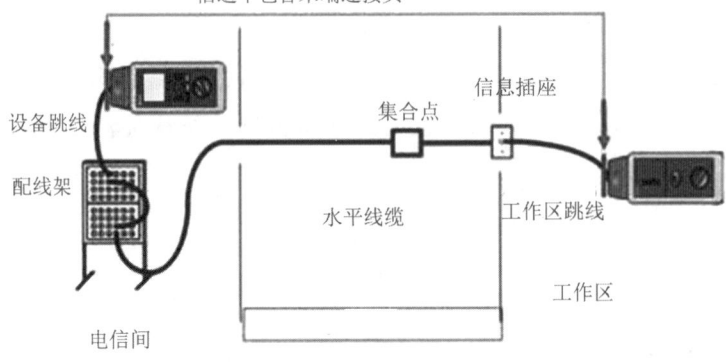

图 2-8-3 信道链路测试连接方式

（2）按绿键启动 DTX，如图 2-8-4（左）所示，并选择中文或中英文界面。

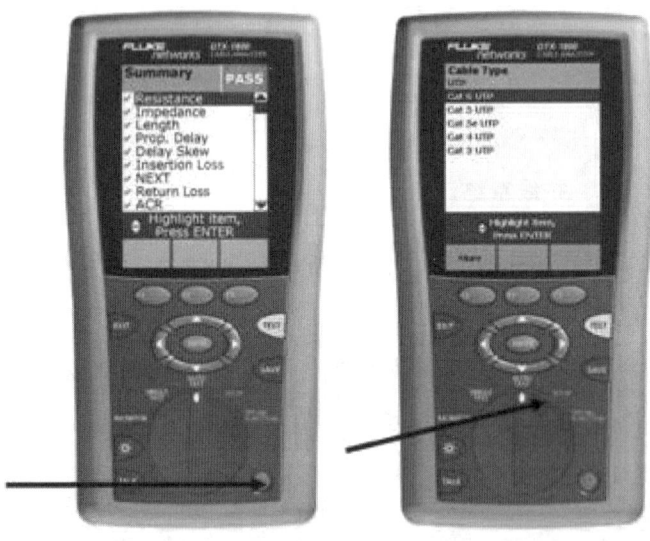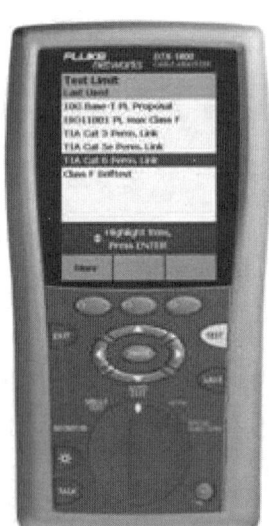

图 2-8-4 测试步骤

（3）选择双绞线、测试类型和标准。

① 将旋钮转至 SETUP，如图 2-8-4（中）所示。

② 选择"Twisted Pair"。

③ 选择"Cable Type"。

④ 选择"UTP"。

⑤ 选择"Cat 6 UTP"。

⑥ 选择"Test Limit"。

⑦ 选择"TIA Cat 6 Perm. Link"，如图 2-8-4（右）所示。

（4）按 TEST 键，启动自动测试，最快 9 s 完成一条正确链路的测试。

(5)在 DTX 系列测试仪中为测试结果命名。

测试结果名称可以是：① 通过 LinkWare 预先下载；② 手动输入；③ 自动递增；④ 自动序列，如图 2-8-5 所示。

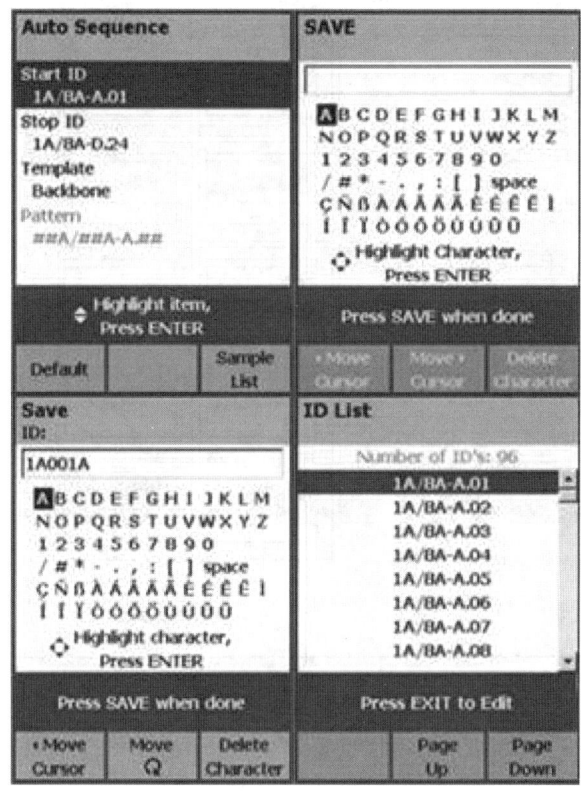

图 2-8-5　测试结果命名

(6)保存测试结果。

测试通过后，按"SAVE"键保存测试结果，结果可保存于内部存储器和 MMC 多媒体卡。

(7)故障诊断。

测试中出现"失败"时，要进行相应的故障诊断测试。按"故障信息键"（F1 键）直观显示故障信息并提示解决方法，再启动 HDTDR 和 HDTDX 功能，扫描定位故障。确定故障后，排除故障，重新进行自动测试，直至指标全部通过为止。

(8)结果送管理软件 LinkWare。当所有要测的信息点测试完成后，将移动存储卡上的结果送到安装在计算机上的管理软件 LinkWare 进行管理分析。LinkWare 软件有几种形式提供用户测试报告，如图 2-8-6 所示为其中的一种。

(9)打印输出。

可从 LinkWare 打印输出，也可通过串口将测试主机直接连打印机打印输出。

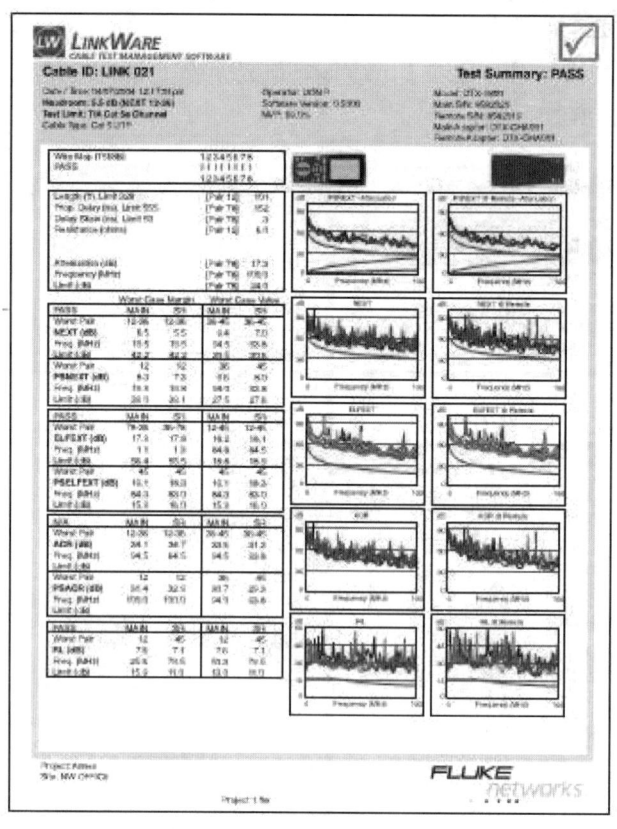

图 2-8-6 测试结果报告

测试注意事项如下。

① 认真阅读测试仪使用操作说明书，正确使用仪表。

② 测试前要完成对测试仪主机、辅机的充电工作并观察充电是否达到80%以上。不要在电压过低的情况下测试，中途充电可能造成已测试的数据丢失。

③ 熟悉布线现场和布线图，测试过程同时也可对管理系统现场文档、标识进行检验。

④ 发现链路结果为"Test Fail"时，可能由多种原因造成，应进行复测再次确认。

2. DTX 的故障诊断

综合布线存在的故障包括接线图错误、电缆长度问题、衰减过大、近端串音过高和回波损耗过高等。超5类和6类标准对近端串音和回波损耗的链路性能要求非常严格，即使所有元件都达到规定的指标且施工工艺也可达到满意的水平，但非常可能的情况是链路测试失败。为了保证工程的合格，故障需要及时解决，因此对故障的定位技术和定位的准确度提出了较高的要求，诊断能力可以节省大量的故障诊断时间。DTX电缆认证分析仪采用两种先进的高精度时域反射分析 HDTDR 和高精度时域串扰分析 HDTDX 对故障定位分析。

1）高精度时域反射分析

高精度时域反射（High Definition Time Domain Reflectometry，HDTDR）分析，

主要用于测量长度、传输时延（环路）、时延差（环路）和回波损耗等参数，并针对有阻抗变化的故障进行精确的定位，用于与时间相关的故障诊断。

该技术通过在被测试线对中发送测试信号，同时监测信号在该线对的反射相位和强度来确定故障的类型，通过信号发生反射的时间和信号在电缆中传输的速度可以精确地报告故障的具体位置。测试端发出测试脉冲信号，当信号在传输过程中遇到阻抗变化就会产生反射，不同的物理状态所导致的阻抗变化是不同的，而不同的阻抗变化对信号的反射状态也是不同的。当远端开路时，信号反射并且相位未发生变化，而当远端为短路时，反射信号的相位发生了变化，如果远端有信号终结器，则没有信号反射。测试仪就是根据反射信号的相位变化和时延来判断故障类型和距离的。

2）高精度时域串扰分析

高精度时域串扰（High Definition Time Domain Crosstalk，HDTDX）分析，通过在一个线对上发出信号的同时，在另一个线对上观测信号的情况来测量串扰相关的参数以及故障诊断。以往对近端串音的测试仅能提供串扰发生的频域结果，即只能知道串扰发生在哪个频点，并不能报告串扰发生的物理位置，这样的结果远远不能满足现场解决串扰故障的需求。由于是在时域进行测试，因此根据串扰发生的时间和信号的传输速度可以精确地定位串扰发生的物理位置。这是目前唯一能够对近端串音进行精确定位并且不存在测试死区的技术。

3）故障诊断步骤

在高性能布线系统中两个主要的"性能故障"分别是：近端串音（NEXT）和回波损耗（RL）。下面介绍这两类故障的分析方法。

（1）使用HDTDX诊断NEXT。

①当线缆测试不通过时，先按"故障信息键"（F1键），如图2-8-7所示，此时将直观显示故障信息并提示解决方法。

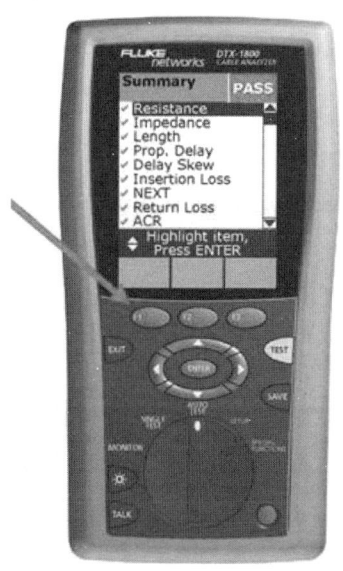

图2-8-7 按"故障信息键"（F1键）获取故障信息

② 深入评估 NEXT 的影响，按"EXIT"键返回摘要屏幕。

③ 选择"HDTDX Analyzer"，HDTDX 显示更多线缆和连接器的 NEXT 详细信息。如图 2-8-8 所示，左图故障是 58.4 m 集合点端接不良导致 NEXT 不合格，右图故障是线缆质量差，或是使用了低级别的线缆造成整个链路 NEXT 不合格。

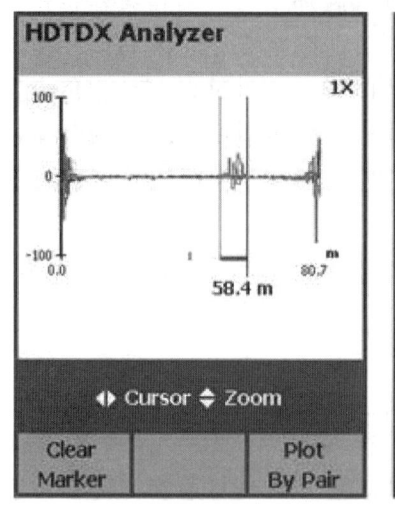 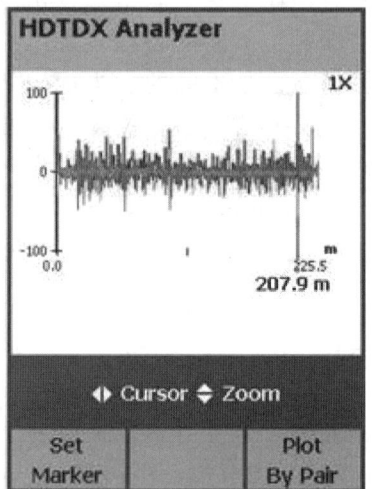

图 2-8-8 HDTDX 分析 NEXT 故障结果

（2）使用 HDTDR 诊断 RL。

① 当线缆测试不通过时，先按"故障信息键"（F1 键），如图 2-8-7 所示，此时将直观显示故障信息并提示解决方法。

② 深入评估 RL 的影响，按"EXIT"键返回摘要屏幕。

③ 选择"HDTDR Analyzer"，HDTDR 显示更多线缆和连接器的 RL 详细信息，如图 2-8-9 所示，70.6 m 处 RL 异常。

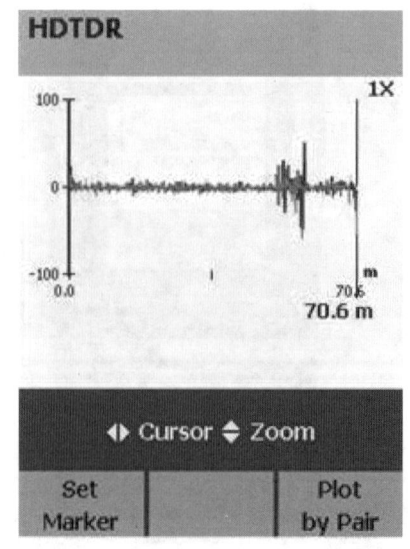

图 2-8-9 70.6 m 处 RL 异常

3. 故障类型及解决方法

（1）电缆接线图未通过。

电缆接线图和长度问题主要包括开路、短路、交叉等几种错误类型。开路、短路在故障点都会有很大的阻抗变化，对这类故障都可以利用 HDTDR 技术来进行定位。故障点会对测试信号造成不同程度的反射，并且不同的故障类型的阻抗变化是不同的，因此测试设备可以通过测试信号相位的变化以及相位的反射时延来判断故障类型和距离。当然定位的准确与否还受设备设定的信号在该链路中的标称传输率（NVP）值影响。

（2）长度问题。

长度未通过的原因可能有：NVP 设置不正确，可用已知长度的好线缆校准 NVP；实际长度超长；设备连线及跨接线的总长过长。

（3）衰减（Attenuation）。

信号的衰减同很多因素有关，如现场的温度、湿度、频率、电缆长度和端接工艺等。在现场测试工程中，在电缆材质合格的前提下，衰减大多与电缆超长有关，通过前面的介绍很容易知道，对于链路超长可以通过 HDTDR 技术进行精确的定位。

（4）近端串音。

产生原因：端接工艺不规范，如接头处打开双绞部分超过推荐的 13 mm，造成了电缆绞距被破坏；跳线质量差；不良的连接器；线缆性能差；串绕；线缆间过分挤压等。对这类故障可以利用 HDTDX 发现它们的故障位置，无论它是发生在某个接插件还是某一段链路。

（5）回波损耗。

回波损耗是由于链路阻抗不匹配造成的信号反射。产生的原因：跳线特性阻抗不是 100 Ω；线缆线对的绞结被破坏或是有扭绞；连接器不良；线缆和连接器阻抗不恒定；链路上线缆和连接器非同一厂家产品；线缆不是 100 Ω的(例如使用了 120 Ω线缆)，等等。知道了回波损耗产生的原因是由于阻抗变化引起的信号反射，就可以利用针对这类故障的 HDTDR 技术进行精确定位了。

实训九　常用电动工具的使用

一、实训目的

掌握常用电动工具，如电动旋具、冲击电钻、切割机、台钻、角磨机等工具的使用方法。

二、实训环境

（1）模拟建筑物环境。

（2）电动旋具、冲击电钻、切割机、台钻、角磨机。

三、实训步骤

1. 电动旋具（电动螺丝刀）操作规程

（1）按使用说明规范操作。

（2）检查电动螺丝刀电池是否有电，安装上合适大小的螺丝批头并检查批头是否安紧（如图2-9-1和图2-9-2所示）。

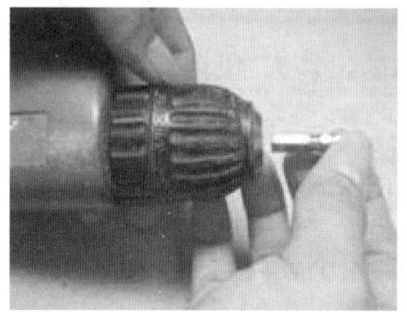
图2-9-1　安装合适的螺丝批头

图2-9-2　把螺丝批头拧紧

（3）安装螺丝时先要调整好电动螺丝刀的工作方向（电动螺丝刀有顺/逆时钟方向）（如图2-9-3）。

图2-9-3　调整工作方向

（4）对相应面板进行安装（如图2-9-4和图2-9-5所示）。

图2-9-4　安装电工面板

图2-9-5　安装信息面板

2. 冲击电钻操作规程

电钻只具备旋转方式,特别适合在需要很小力的材料上钻孔,例如软木、金属、砖、瓷砖等。冲击电钻依靠旋转和冲击来工作。单一的冲击是非常轻微的,但每分钟40 000多次的冲击频率可产生连续的力。冲击电钻可用于天然的石头或混凝土。它们是通用的,因为它们既可以用"单钻"模式,也可以用"冲击钻"模式,所以对专业人员和自己动手者,它都是值得选择的基本电动工具。电锤依靠旋转和捶打来工作。单个捶打力非常高,并具有每分钟1 000到3 000的捶打频率,可产生显著的力。与冲击电钻相比,电锤需要最小的压力来钻入硬材料,例如石头和混凝土;特别是相对较硬的混凝土。

使用电钻时的个人防护如下。

(1)面部朝上作业时,要戴上防护面罩。在生铁铸件上钻孔要戴好防护眼镜,以保护眼睛。

(2)钻头夹持器应妥善安装。

(3)作业时钻头处在灼热状态,应防止灼伤肌肤。

(4)使用直径12 mm以上的手持电钻钻孔时应使用有侧柄手枪钻。

(5)站在梯子上工作或高处作业应做好预防高处坠落措施,梯子应由地面人员扶持。

冲击电钻操作步骤如图2-9-6至2-9-9所示。

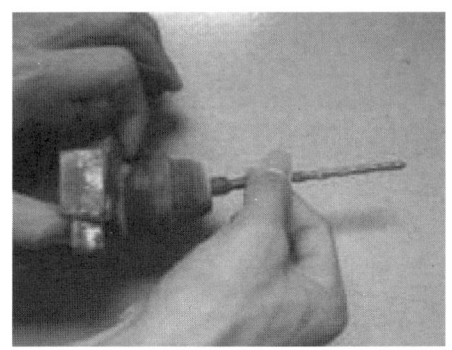

图 2-9-6 安装合适的钻头

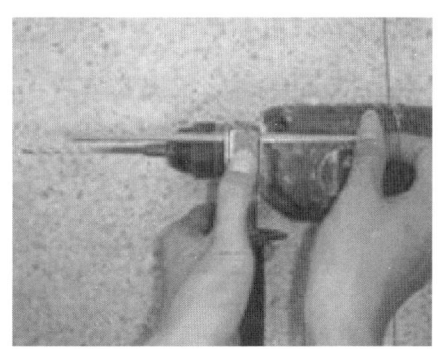

图 2-9-7 调节深浅扶助器

图 2-9-8 更换不同尺寸的钻头

图 2-9-9 调节工作方式

3. 切割机、台钻操作规程

（1）切割机、台钻必须按使用说明规范操作。

（2）学生使用须经指导教师同意方可操作，否则很可能造成严重后果。

（3）使用前检查机器，保证机器接地良好、不漏电，砂轮片完整、无裂纹。

（4）开机后先空转 1 min 左右，判断运转正常后方可使用。

（5）特别提醒：不能碰撞、移动切割机；使用时，注意周围环境，禁止打闹。

（6）台钻操作时，工件须用台钳夹持好，然后装好钻头，注意运转速度。单人操作设备，操作时不能戴手套。

（7）设备使用结束后：切断电源；放好工具；清理干净施工现场方可离去。

4. 角磨机（打磨器）操作规程

（1）操作前须戴保护眼罩。

（2）打开电源开关之后，要等待砂轮转动稳定后才能工作。

（3）长头发同学一定要先把头发扎起。

（4）切割方向不能对着人。

（5）连续工作 30 min 后要停 15 min。

（6）不能用手拿小零件使用角磨机进行加工。

（7）工作完成后自觉清洁工作环境。

实训十　PVC 线槽成型

一、实训目的

（1）掌握 PVC 线槽水平直角成型的方法。

（2）掌握 PVC 线槽非水平直角成型的方法。

二、实训环境

（1）PVC 线槽、PVC 直角、PVC 阳角、PVC 阴角、电工工具箱、PVC 线槽剪刀。

（2）模拟建筑物。

三、实训步骤

1. PVC 线槽水平直角成型步骤（如图 2-10-1 至图 2-10-8 所示）

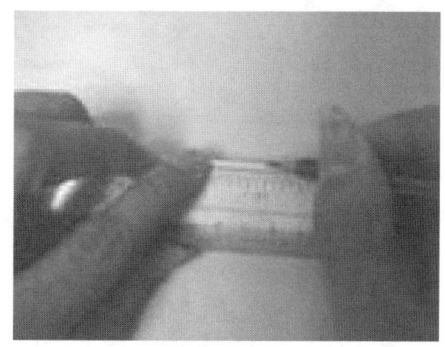

图 2-10-1　先是对线槽的长度进行定点

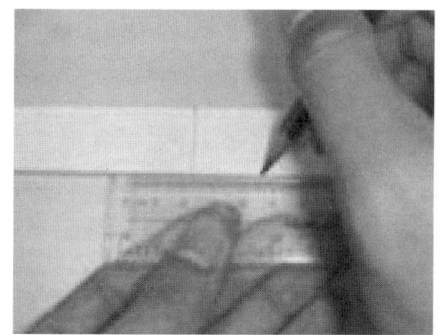

图 2-10-2　以点为顶画一直线

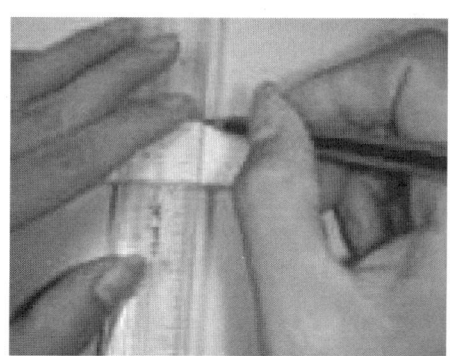

图 2-10-3　以这条直线为直角线画一个等边三角形

图 2-10-4　同时在线槽另一侧画上线

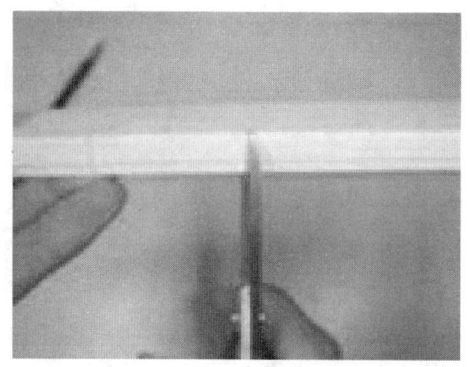

图 2-10-5 以线为边进行裁剪

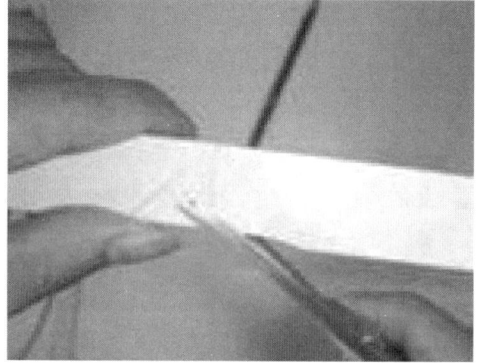

图 2-10-6 把这个三角形和侧面剪去

图 2-10-7 裁剪后的效果

图 2-10-8 把线槽弯曲成型

2. PVC 线槽非水平直角成型

（1）内弯角成型步骤（如图 2-10-9 至图 2-10-15 所示）。

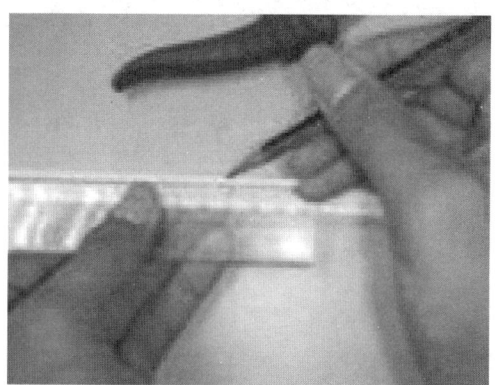

图 2-10-9　先是对线槽的长度进行定点

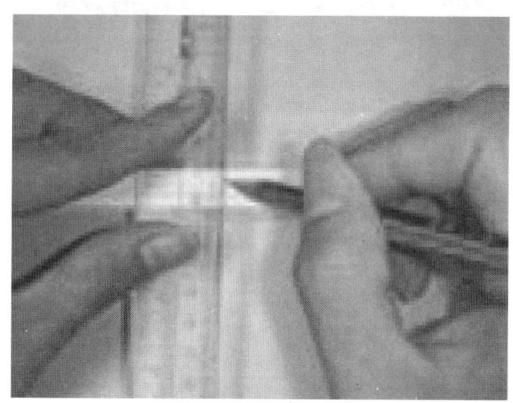

图 2-10-10　以点为顶画一直线

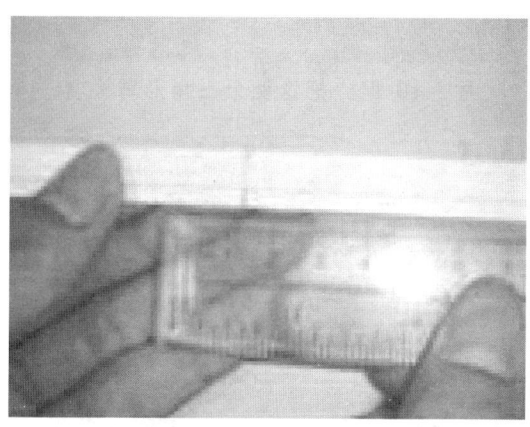

图 2-10-11　以这条直线为直角线画一个等边三角形

图 2-10-12　画好的效果图

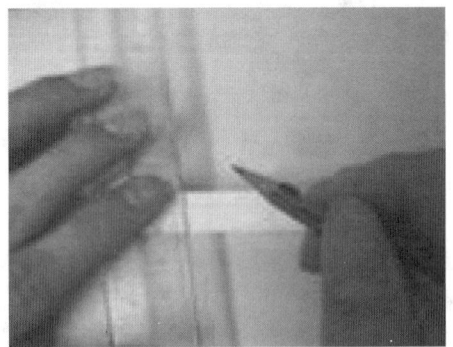

图 2-10-13　同时在线槽另一侧画上线

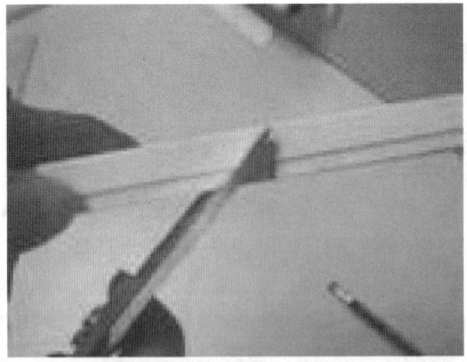

图 2-10-14　把这两个三角形剪去

图 2-10-15　把线槽弯曲成型

（2）外弯角成型步骤（如图 2-10-16 至图 2-10-21 所示）。

图 2-10-16　先是对线槽的长度进行定点

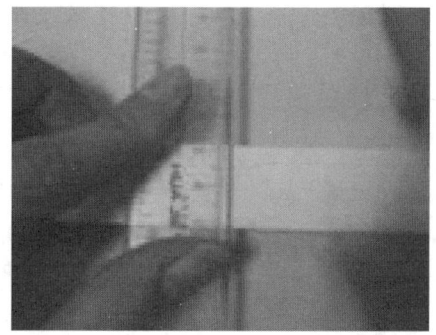

图 2-10-17　以点为顶画一直线

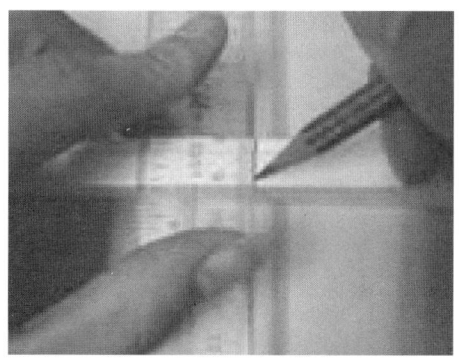

图 2-10-18　在线槽的另一侧画直线并以这条线在另一侧定点

图 2-10-19　用剪刀剪线槽两侧

41

图 2-10-20　把线槽弯曲

图 2-10-21　最后得到的外弯角

实训十一　综合布线方案设计

一、实训目的

（1）掌握综合布线方案设计的方法。
（2）能独立进行综合布线系统设计方案的编写。

二、实训环境

计算机机房。

三、实训步骤

1. 设计步骤

设计一个合理的综合布线系统一般有 7 个步骤。

① 分析用户需求。
② 获取建筑物平面图。
③ 系统结构设计。
④ 布线路由设计。
⑤ 可行性论证。
⑥ 绘制综合布线施工图。
⑦ 编制综合布线用料清单。

综合布线的设计过程，可用图 2-11-1 所示的流程图来描述。

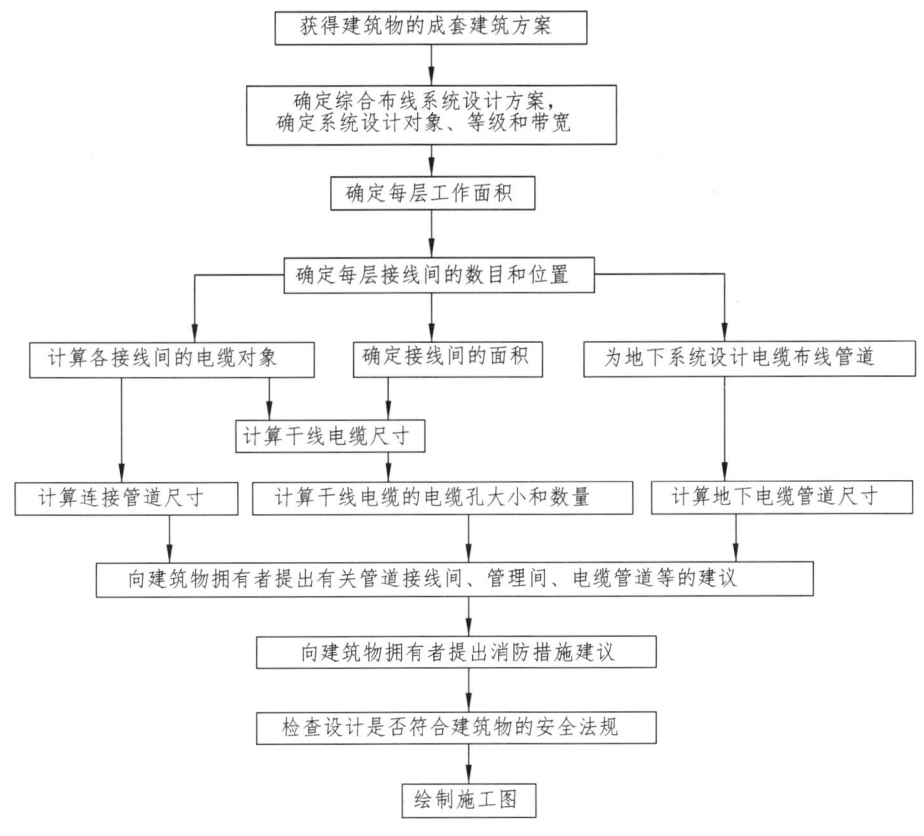

图 2-11-1　综合布线的设计过程

2. 综合布线系统设计方案的内容

1）前　言

前言包括的内容有：客户的单位名称、工程的名称、设计单位（指施工方）的名称、设计的意义和设计内容概要。

2）定义与惯用语

定义与惯用语应对设计中用到的综合布线系统的通用术语、自定义的惯用语作出解释，有利于用户对设计的准确理解。

3）综合布线系统结构解释

这一部分的内容主要是 ANSI/TIA/EIA 568（或 ISO/IEC 11801）所规定的综合布线系统的 6 个子系统的结构以及每个子系统所包括的器件，同时应描述综合布线系统的 6 个子系统的结构示意图。

4）综合布线系统设计

（1）概述。

① 工程概况。

包括这些内容：建筑物的楼层数；每层房间的功能概况；楼宇平面的形状和尺寸；层高（各层的层高有可能不同，要列清楚，这关系到电缆长度的计算）；竖井的位置（竖井中有哪些其他线路，例如消防报警、有线电视、音响和自控等。如果没有专用竖井则要说明垂直电缆管道的位置）；甲方选定的设备间位置；电话外线的端接点；如果有建筑群干线子系统，则要说明室外光缆入口；楼宇的典型平面图（图中标明主机房和竖井的位置）。

② 布线系统总体结构。

包括该布线系统的系统图和系统结构的文字描述。

③ 设计目标。

阐述综合布线系统要达到的目标。

④ 设计原则。

列出设计所依据的原则：先进性、经济性、扩展性、可靠性等。

⑤ 设计标准。

包括综合布线设计标准、测试标准和参考的其他标准。

⑥ 布线系统产品选型。

探讨下列选择：Cat 3、Cat 5e、Cat 6 布线系统的选择；布线产品品牌的选择；屏蔽与非屏蔽的选择和双绞线与光纤的选择。

（2）工作区子系统设计。

描述工作区的器件选配和用量统计。

（3）配线子系统设计。

配线子系统设计应包括信息点需求、信息插座设计和水平电缆设计 3 部分。

（4）管理子系统设计。

描述该布线系统中每个配线架的位置、用途、器件选配、数量统计和各配线架的电缆卡接位置图。描述宜采用文字和表格相结合的形式。

（5）干线子系统设计。

描述垂直主干的器件选配和用量统计以及主干编号规则。

（6）设备间子系统设计。

包括设备间、设备间机柜、电源、跳线、接地系统等内容。

（7）布线系统工具。

列出在布线工程中所要使用的工具。

5）综合布线系统施工方案

施工方案作为设计的一部分阐述总的槽道敷设方案，而不是指导施工，因此不包括管槽的规格，另有专门的给施工方的文档用于指导施工。

6）综合布线系统的维护管理

维护管理指布线系统竣工交付使用后，移交给甲方的技术资料，包括：信息点编号规则、配线架编号规则、布线系统管理文档、合同、布线系统详细设计和布线系统竣工文档（包括配线架电缆卡接位置图、配线架电缆卡接色序、房间信息点位置表、竣工图纸、线路测试报告）。

7）验收测试

在综合布线系统中有永久链路和通道两种测试，应对测试链路模型、所选用的测试标准和电缆类型、测试指标和测试仪器作简略介绍。

8）培训、售后服务与质量保证期

包括对用户的培训计划、售后服务的方式以及质量保证期。

9）综合布线系统材料总清单

包括综合布线系统材料预算和工程费用清单。

10）图纸（单独设计）

包括图纸目录、图纸说明、网络系统图、布线拓扑图、管线路由图、楼层信息点平面图、机柜信息点分布图等。

实训十二　图纸绘制

一、实训目的

（1）掌握 AutoCAD、Visio 等软件进行图纸绘制的方法。
（2）掌握机柜内配线架及网络设备的图例绘制方法。

二、实训环境

已安装 AutoCAD、Visio 等软件的计算机。

三、实训步骤

1. 综合布线工程图

综合布线工程图一般包括以下 5 类图纸。根据模拟建筑物的网络通信情况绘制相应的综合布线工程图。

1）网络拓扑结构图
2）综合布线系统拓扑（结构）图（如图 2-12-1 所示）

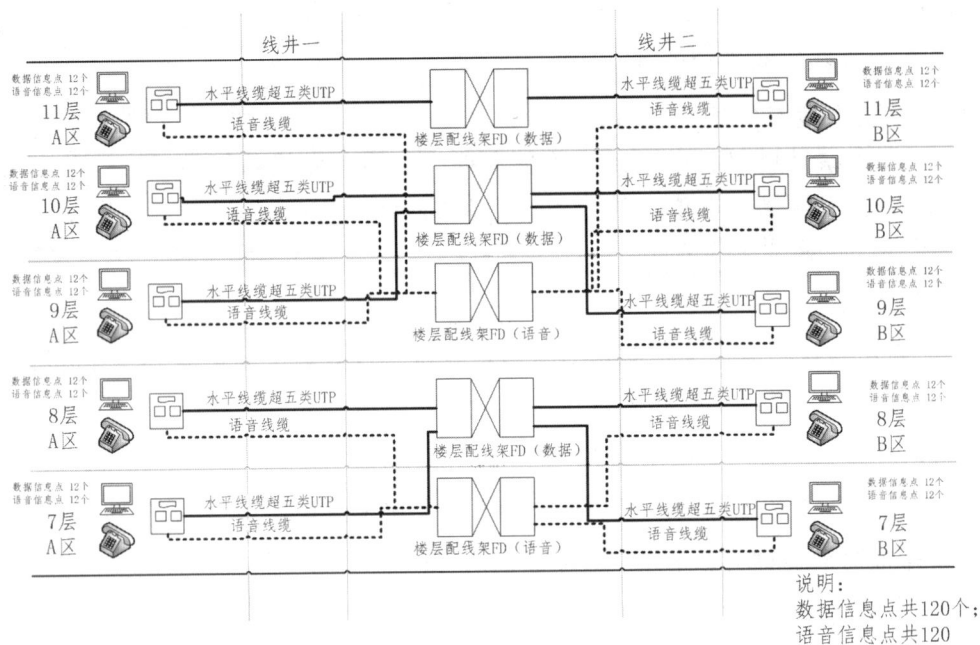

图 2-12-1　某大楼 7～11 层综合布线系统（数据+语音）拓扑图

3）综合布线管线路由图
4）楼层信息点平面分布图（如图 2-12-2 所示）

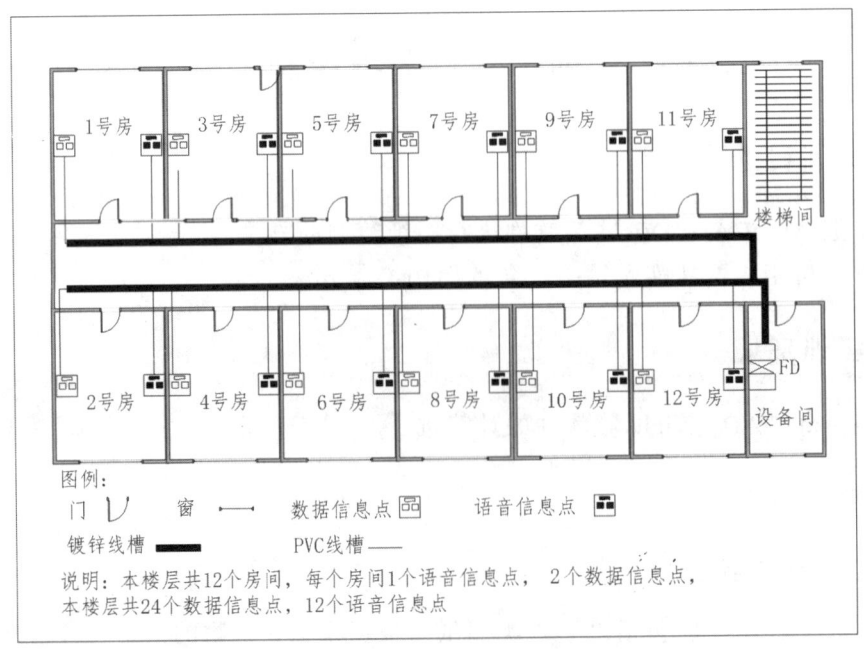

图 2-12-2　某学生宿舍楼层信息点和管线布线图

5）机柜配线架信息点布局图（如图 2-12-3 所示）

九楼配线间配线架1

1	2	3	4	5	6	7	8	9	10	11	12	13	14	15	16	17	18	19	20	21	22	23	24
9082	9083	9084	9085	9086	9087	9088	9089	9091	9092	9093	9094	9095	9096	9097	9098	9099	9100	9101	9102	9103	9104	9105	9106

九楼配线间配线架2

1	2	3	4	5	6	7	8	9	10	11	12	13	14	15	16	17	18	19	20	21	22	23	24
9107	9109	9110	9111	9112	9113	9114	9115	9116	9117	9118	9119	9120	9121	9122	9123	9124	9125	9126	9127	9128	9129	9130	9131

九楼配线间配线架3

1	2	3	4	5	6	7	8	9	10	11	12	13	14	15	16	17	18	19	20	21	22	23	24
9132	9133	9134	9135	9136	9137	9138	9139	9140	9141	9142	9143	9144	9145	9146	9147	9148	9149	9150	9151	9152	9153	9154	9156

九楼配线间配线架4

1	2	3	4	5	6	7	8	9	10	11	12	13	14	15	16	17	18	19	20	21	22	23	24
9157	9158	9160	9161	9162	9163	9165	9166	9167	9168	9169	9170	9171	9172	9173	9174	9175	9176	9177	9178	9179	9180	9181	9182

九楼配线间配线架5

1	2	3	4	5	6	7	8	9	10	11	12	13	14	15	16	17	18	19	20	21	22	23	24
9183	9184	9185	9186	9187	9188	9189	9190	9191	9192	9193	9194	9195	9196	9197	9198	9199	9200	9202	9203	9204	9205	9206	9207

图 2-12-3　机柜配线架信息点布局图（用 Excel 表格生成）

其中楼层综合布线管线路由图和楼层信息点平面分布图可在一张图纸上绘出。通过以上工程图，反映出以下几方面的内容。

（1）网络拓扑结构图。

（2）布线路由、管槽型号和规格。

（3）工作区子系统中各楼层信息插座的类型和数量。

（4）水平子系统的电缆型号和数量。

（5）垂直干线子系统的线缆型号和数量。

（6）楼层配线架（FD）、建筑物配线架（BD）、建筑群配线架（CD）、光纤互联单元的数量及分布位置。

（7）机柜内配线架及网络设备分布情况。

目前综合布线设计图中的图例比较混乱，缺少统一的标识，在设计中可以参考采用如图 2-12-4 的图例。

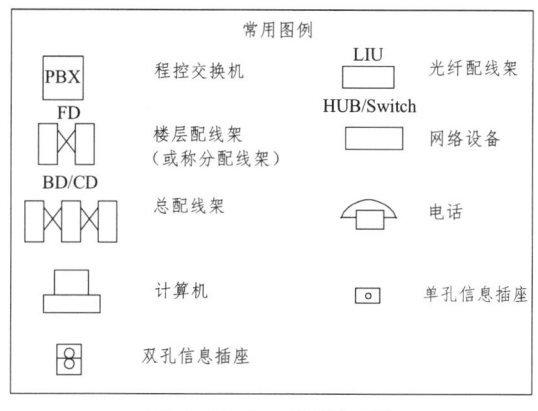

图 2-12-4　设计图例

2. 用 AutoCAD 绘图

AutoCAD 广泛应用于综合布线系统的设计。特别是在设计中,当建设单位提供了建筑物的 CAD 建筑图纸的电子文档后,设计人员可以在 CAD 建筑图纸上进行布线系统的设计,起到事半功倍的效果。目前,AutoCAD 主要用于绘制综合布线管线设计图、楼层信息点分布图、布线施工图等。如图 2-12-5 为用 AutoCAD 绘制的楼层信息点分布图。

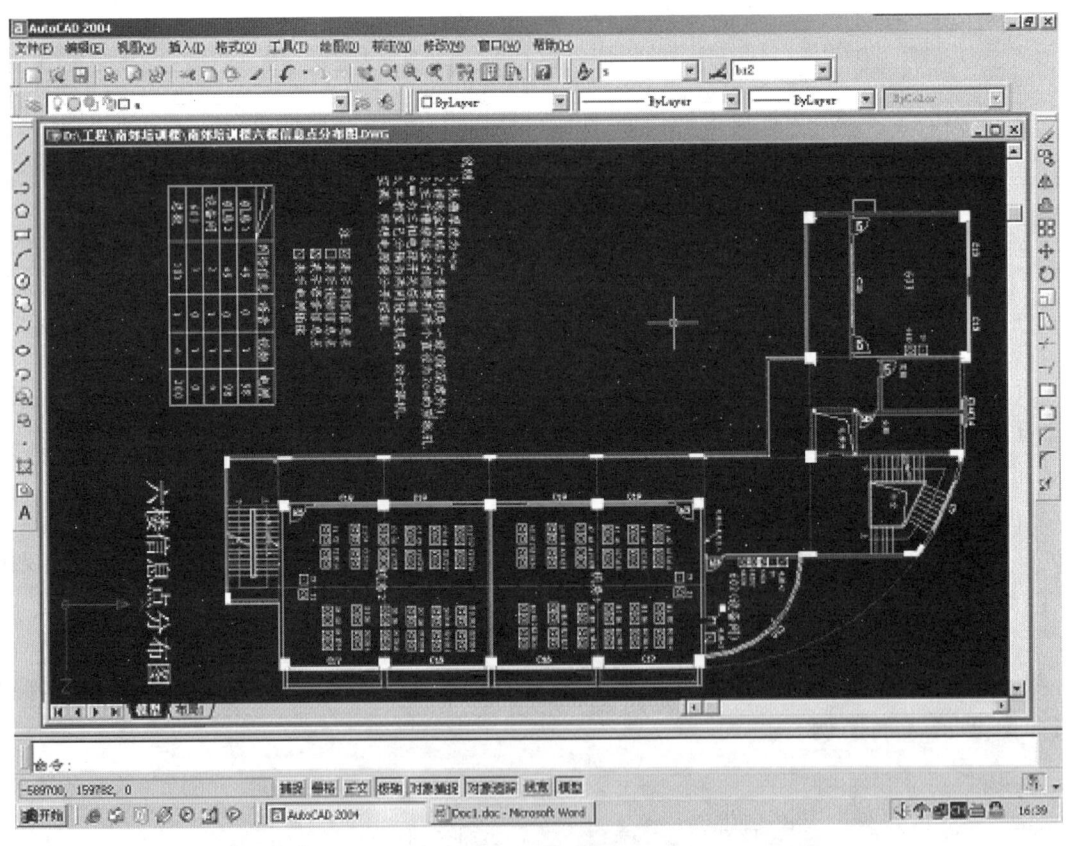

图 2-12-5 用 AutoCAD 绘制的楼层信息点分布图

3. 用 Visio 绘图

在综合布线中常用 Visio 绘制网络拓扑图、布线系统拓扑图、信息点分布图等。如图 2-12-6 为用 Visio 绘制的综合布线系统拓扑图。

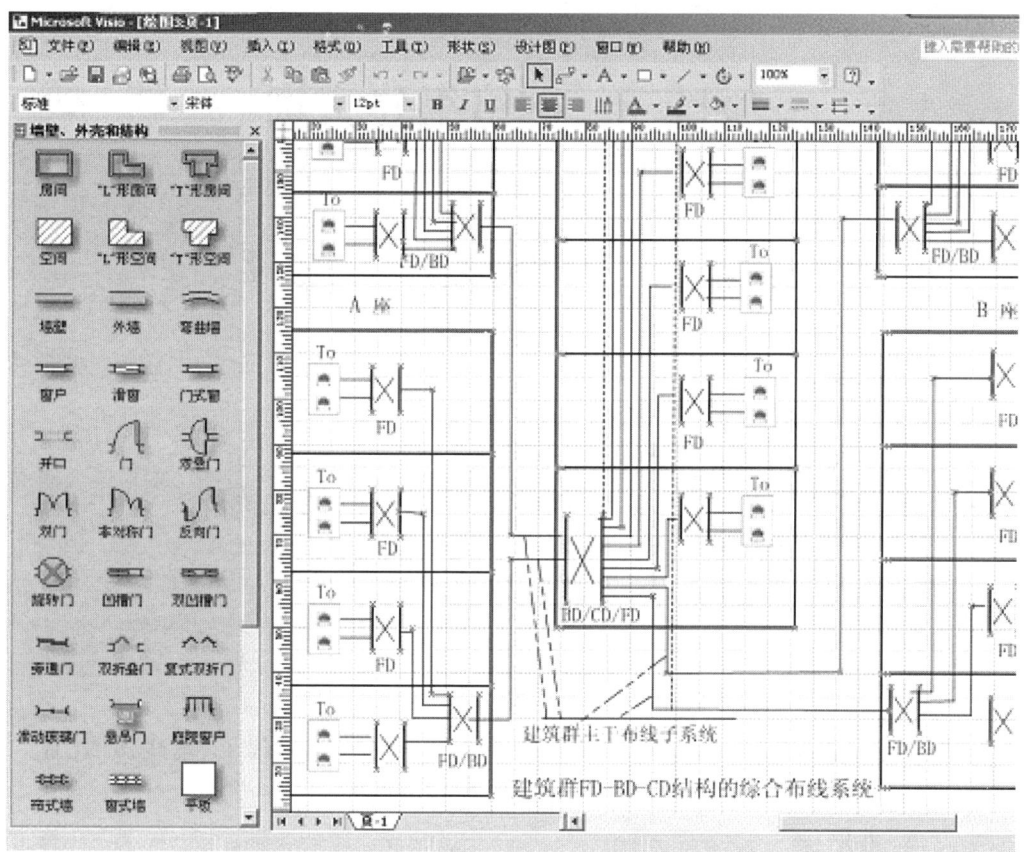

图 2-12-6 用 Visio 绘制的综合布线系统拓扑图

项目三 网络组建实训

实训一 Windows 对等网建设

一、实训目的

（1）掌握对等网络的组建方法及其特点。
（2）掌握对等网组建的软件系统配置方法，如各种服务和协议。
（3）掌握网络连通性测试方法和技能。
（4）掌握对等网络中资源共享和数据通信的方法。

二、实训环境

安装好 Windows 2000 的个人计算机、交叉网线（对等网线）、集线器 HUB。

三、实训步骤

1. 组建对等网络——两台计算机间的对等网

使用制作好的双绞线（交叉线）将相邻两台计算机通过网卡直接相连以构成最小的对等网络。

连接如图 3-1-1 所示。

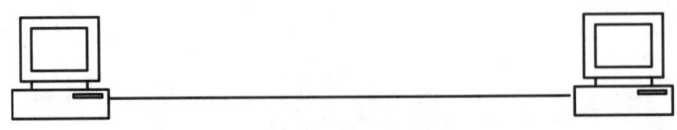

图 3-1-1 两台计算机直连

（1）网络组件 NetBEUI 的安装（前提是网卡驱动程序已安装）。

- 打开网络属性对话框（右击"网上邻居"→"属性"）。
- 添加有关网络组件："安装"→"协议"→"Microsoft"→"NetBEUI"。
- 配置"NetBEUI"协议（选中"NetBEUI"，单击"属性"按钮）。

NetBEUI 协议不支持路由选择，主要提供计算机和工作组的网络标识，在"高级"

选项中设置"NCBS"(网络协议块)和"最大的会话数"(连接到本机的计算机数)。

- 更改本地计算机名(右击"我的电脑"→"属性"→"网络标识"→"属性"→"计算机名"),为了能够进行统一管理,计算机名一律按此规律进行取名:

WLSX+组号+机号,如第 2 组的第 3 台,则名为 WLSX0203,另外不设置有关密码。

- 重新启动计算机,打开"网上邻居",记录观察到的结果。(多刷新几次)

(2)网络组件 IPX/SPX 的安装。

- 打开网络属性对话框(右击"网上邻居"→"属性")。
- 将网络组件"NetBEUI"删除。
- 添加有关网络组件:"安装"→"协议"→"Microsoft"→"IPX/SPX"。
- 配置"IPX/SPX"协议。

IPX/SPX 协议支持路由选择功能。打开 IPX/SPX"属性"对话框,在"高级"选项卡中,"连接上限"设为连接的数目 20,"网络地址"设为 0,"帧类型"设为 AUTO,其他不设置;在"绑定"选项卡中选中"NETBEUI"中的两项。

- 重新启动计算机,打开"网上邻居",记录观察到的结果。

(3)网络组件 TCP/IP 的安装。

- 打开网络属性对话框(右击"网上邻居"→"属性")。
- 将网络组件"IPX/SPX"删除。
- 添加有关网络组件:"安装"→"协议"→"Microsoft"→"TCP/IP"。
- 配置"TCP/IP"协议。
TCP/IP 协议定义了网络上通信的方式。
- 重新启动计算机,打开"网上邻居",记录观察到的结果。

(4)网络组件 Microsoft 网络文件与打印机共享的安装。

- 打开网络属性对话框(右击"网上邻居"→"属性")。
- 添加有关网络组件:"安装"→"服务"→"Microsoft 网络文件与打印机共享"。
- 重新启动计算机,打开"网上邻居",记录观察到的结果。

(5)配置全部网络协议和服务。

- 打开网络属性对话框(右击"网上邻居"→"属性")。
- 添加如下网络组件:
  Microsoft 网络客户;
  NetBEUI;
  IPX/SPX;
  Microsoft TCP/IP 三个协议;
  Microsoft 文件与打印机共享。

- 配置协议。

  在"NetBEUI"属性对话框的"绑定"选项卡中选择"Microsoft 网络用户和文件与打印机共享",在"高级"选项中设置"NCBS"(网络协议块)和"最大的会话数"(连接到本机的计算机数)。

  IPX/SPX 协议支持路由选择功能。打开 IPX/SPX"属性"对话框,"NETBIOS"选项卡中不选择"希望在 IPX/SPX 上启用 NETBIOS";在"高级"选项卡中,"连接上限"设为连接的数目 20,"网络地址"设为 0,"帧类型"设为 AUTO,其他不设置;在"绑定"选项卡中选中"NETBEUI"中的两项。

- 将计算机登录方式改为"Microsoft 网络客户"方式。
- 重新启动计算机,打开"网上邻居",记录观察到的结果。

(6)网络连通性测试方法和技能。

- 获取 IP 地址和 MAC 地址。

  使用 Ipconfig 命令:"开始"→"运行"→"CMD"→"IPconfig/all",记录显示的内容。

- 检查网卡驱动与有关协议 TCP/IP 安装正确与否。

  进入 MSDOS 方式,使用 PING 命令测试,命令如下。

  PING 127.0.0.1　　　　　　(本地回路测试)
  PING 本机 IP 地址　　　　　(TCP/IP 正确性)

  注:PING 命令格式如下。

  　　PING [-t] [-n 值] [-a] IP 地址

  　　参数说明:

  　　-t:连续测试;

  　　-n 值:测试数据包的个数;

  　　-a:返回计算机名。

- 进入 MSDOS 方式,测试网络是否已连通。

  PING 目的主机的 IP 地址(测试网络是否已连通),记录显示的内容。

- 网络线路出现故障的现象。

  拔下网线,使用命令"PING 目的主机 IP 地址"测试一下,记录显示结果。

- 深刻认识不同类型电缆线的作用。

  将交叉线拔下换成直通线,再用命令"PING 目的主机 IP 地址"测试一下,记录显示结果。

2. 组建对等网络——基于 Hub 的局域网

实训组网如图 3-1-2 所示。

(1)使用制作好的双绞线(直通线)将主机通过网卡直接连接到集线器上以构成对等网络。

(2)正确安装网卡及其驱动程序,添加"TCP/IP 协议"和"Microsoft 文件与打印机共享",重新启动计算机。

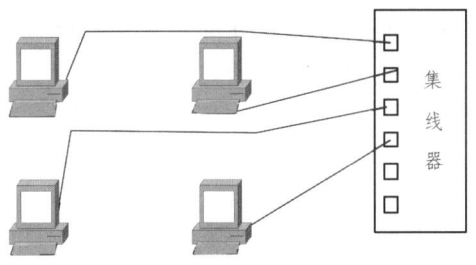

图 3-1-2 基于 Hub 的对等网

（3）设置 IP 地址。各计算机的 IP 地址除了前三位相同外，最后一位应与本机的机号相同。

具体操作为：打开"控制面板"→"网络"，从网络组件中选择"TCP/IP"，打开 TCP/IP 的"属性"对话框，选择"IP 地址"选项卡，选中"指定 IP 地址"，在 IP 地址中输入：192.168.0.机号（机号是组号＋机号，如第 2 组第 3 台为 23），在"子网掩码"中输入：255.255.255.0；在"绑定"选项卡中选中"Microsoft 网络用户"；在 WINS 配置中选中"禁用 WINS 解析"。

（4）进行网络连通测试，记录显示结果。

PING 127.1.1.1　　　　　　　（本地回路测试）
PING 己方主机 IP 地址　　　　（检查 TCP/IP）
PING 目的主机的 IP 地址　　　（测试网络是否连通）
PING 192.168.0.254　　　　　（测试一个不存在的主机）
PING 目的主机的 IP 地址　　　（有意拔下网络电缆线，测试若网络电缆不通时会出现的情况）

（5）对 4 台计算机中的某台计算机的配置进行修改：计算机名称更改成与某台计算机同名，重新启动计算机，记录观察的结果，再将其名称还原。

（6）对 4 台计算机中的某台计算机的配置进行修改：计算机 IP 地址更改成与某台计算机一样，重新启动计算机，记录观察的结果。

（7）如果把两台具有相同 IP 地址的计算机都重新启动，记录观察到的结果，由此可以得到什么结论？再还原其 IP 地址。

（8）把另一组的某台计算机接入到 HUB 中，使 HUB 上端口全满，5 台计算机都重新启动，这时网络是否畅通？记录观察到的结果。

实训二　基于服务器网络的组建

一、实训目的

（1）掌握基于服务器网络的组建方法及其特点。
（2）掌握基于服务器网络的服务器的有关设置。

（3）掌握基于服务器网络的工作站软件配置方法，如各种服务和协议。
（4）掌握基于服务器网络的有关命令的使用。

二、实训环境

实训软硬件设备包括服务器、工作站、网卡、双绞线、Win 2000 Server、Win2000。

三、实训重点及难点

服务器服务和协议的安装配置。

实训三　综合实训——子网的建立与测试

一、实训目的

（1）掌握子网划分的方法及其特点。
（2）掌握通过网关进行数据传输与交换。
（3）掌握子网间通信的测试方法。

二、实训环境

实训硬件包括服务器（双网卡）、工作站、网卡、双绞线、HUB、交换机。

三、实训重点及难点

服务器网关设置。

实训四　交换机基本配置命令和端口配置

一、实训目的

（1）掌握交换机几种常用配置方法。
（2）掌握以太网交换机物理端口常见配置。

二、实训环境

实训硬件包括计算机、S2016交换机、S3928交换机、网线、Console控制线。

在实验中，我们采用 3Com Quidway 三层交换机来组建实验环境。具体实验环境如图 3-4-1 所示。用标准 Console 线缆的水晶头一端插在交换机的 Console 口上，另一端的接口插在计算机上的 Console 上。同时为了实现 Telnet 配置，用一根网线的一端连接交换机的以太网口，另一端连接计算机的网口。

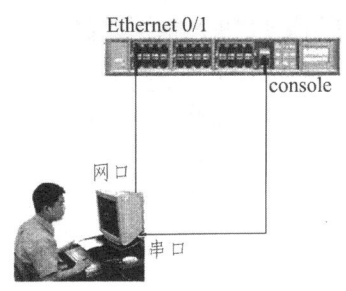

图 3-4-1　计算机与交换机的物理连接

三、实训步骤

1. Console 配置

我们用 Console 口对交换机进行配置是最标准最常见的配置方法。当我们用 Console 口配置交换机时，需要专用的串口配置电缆连接交换机的 Console 口和计算机主机的串口，这些实训室都已经配备好。实验前我们要检查配置电缆是否连接正确并确定使用主机的第几个串口，在创建超级终端时需要此参数。当我们完成物理连线后，就可以创建超级终端了。Windows 系统一般都在附件中附带超级终端软件，在创建过程中我们选择对应的串口（com1 或 com2），然后配置串口参数。具体操作步骤为：点击 Windows 的"开始"→"程序"→"附件"→"通讯"→"超级终端"。

串口的配置参数如图 3-4-2 所示。

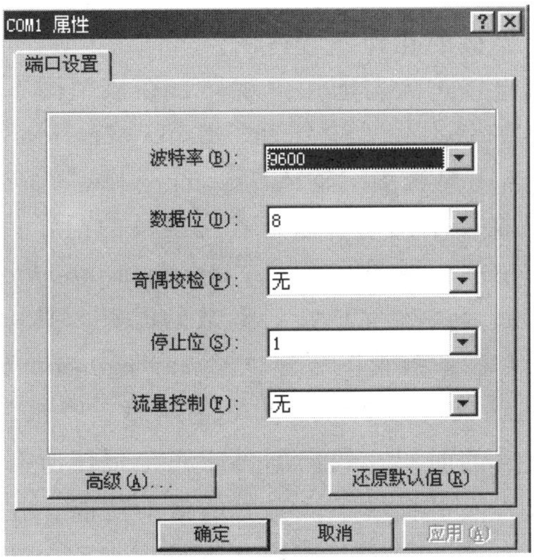

图 3-4-2　配置串口参数

串口参数配置完成后，单击"确定"按钮即可正常建立与交换机的通信。如果交换机已经启动，按"Enter"键即可进入交换机的普通用户视图。若还没有启动，打开交换机电源我们会看到交换机的启动过程，启动完成后同样进入普通用户视图。交换机进入普通用户视图超级终端的显示内容如图3-4-3所示。

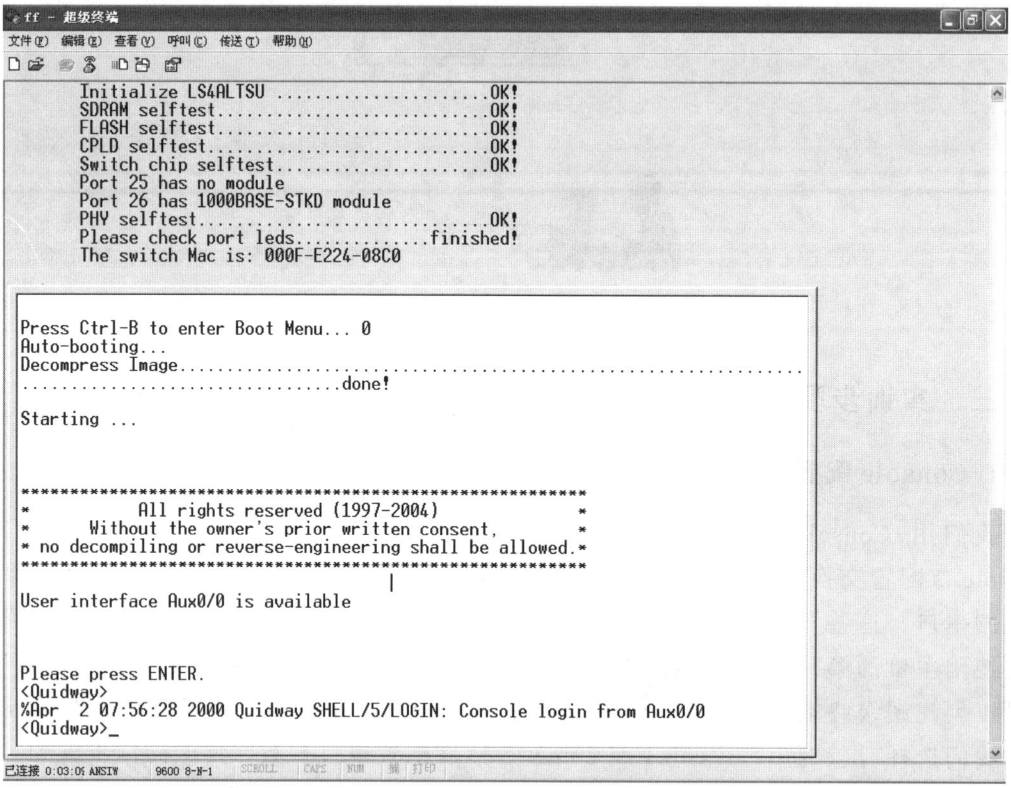

图3-4-3 交换机启动进入普通用户视图

S3928交换机采用功能强大，灵活方便的命令行配置方式。为了我们实验的顺利进行，首先介绍新一代交换机的几种配置视图。

- 用户视图：开机直接进入普通用户视图，在该视图下我们只能查询交换机的一些基础信息，如版本号（命令为"display version"）。
- 系统视图：在普通用户视图下输入"system-view"命令即可进入特权用户（系统）视图，在该视图下我们可以查看交换机的配置信息和调试信息等。
- 接口配置视图：在系统视图下输入"interface *interface-list*"即可进入接口配置视图，在该视图下主要完成接口参数的配置，具体配置在后面详细介绍。
- VLAN配置视图：在系统视图下输入"vlan *vlan-number*"即可进入VLAN配置视图，在该配置视图下可以完成VLAN的一些相关配置。

在使用命令行进行配置的时候，我们不可能完全记住所有的命令格式和参数，所以交换机为我们维护和工程人员提供了强有力的帮助功能，在任何视图下均可以使用"？"来帮助我们完成配置。使用"？"可以查询任何视图下可以使用的命令；可以查询某参数后面可以输入的参数；也可以查询某字母开始的命令。如在系统视图下输入"？"或"display？"或"d？"，我们能看到不同的帮助信息显示。

我们可以使用 Telnet 对交换机进行配置。

如果交换机配置了 IP 地址，我们就可以在本地或者远程使用 Telnet 登录到交换机上进行配置。Telnet 登录配置和使用 Console 口配置的界面完全相同，这样极大地方便了我们的工程维护人员对设备的维护。在此需要注意的是，我们配置使用的主机是通过以太网口与交换机进行通信的，必须保证该以太网口可用。

我们使用 Telnet 前的准备工作如下。

- 配置交换机的 IP 地址：S3928 只支持一个 IP 地址，并且是作为 VLAN 的接口 IP 地址出现的。所以，我们首先要在系统视图下使用 interface vlan *vlan-number* 命令进入 VLAN 接口配置视图，然后使用"ip address"命令配置 IP 地址。

- 配置用户登录口令：在缺省情况下，交换机允许 5 个 vty 用户，但都没有配置登录口令。为了网络安全，交换机要求远程登录用户必须配置登录口令，否则不能登录。

- 配置用户口令：远程登录用户要想进入用户视图，必须使用用户密码。在系统视图下使用命令即可设置。

[Quidway]local-user huawei

[Quidway-luser-huawei]password simple huawei

[Quidway-luser-huawei]service-type telnet level 3

（1）配置交换机的 IP 地址：S3928 可以在 VLAN 虚接口上分别配置 1 个 IP 地址。我们首先要在系统视图下使用"interface vlan-interface [vlan-number]"命令进入 VLAN 接口配置视图，然后使用"ip address"命令配置 IP 地址，具体操作如下。

\<Quidway\>system

[Quidway]interface vlan-interface 1

[Quidway -VLAN-interface1]ip address 192.168.0.1 255.255.255.0

（2）配置用户登录口令：在系统视图下使用"user-interface vty 0 4"进入 vty 用户界面视图，然后使用"password"命令即可配置用户登录口令，具体命令如下。

[Quidway]user-interface vty 0 4

[Quidway -ui-vty0-4] authentication-mode password

[Quidway -ui-vty0-4] set authentication password simple 123456

（3）配置计算机与交换机在同一网段，计算机的 IP 地址为 192.168.0.5，掩码为 255.255.255.0。

完成上述准备即可通过 Telnet 登录到交换机进行配置。

从计算机用 Telnet 登录到交换机的过程如图 3-4-4 到图 3-4-6 所示。

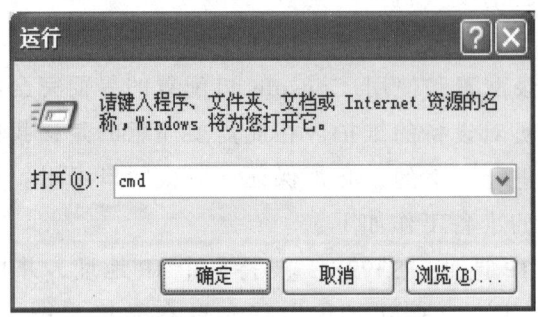

图 3-4-4　运行 CMD 命令

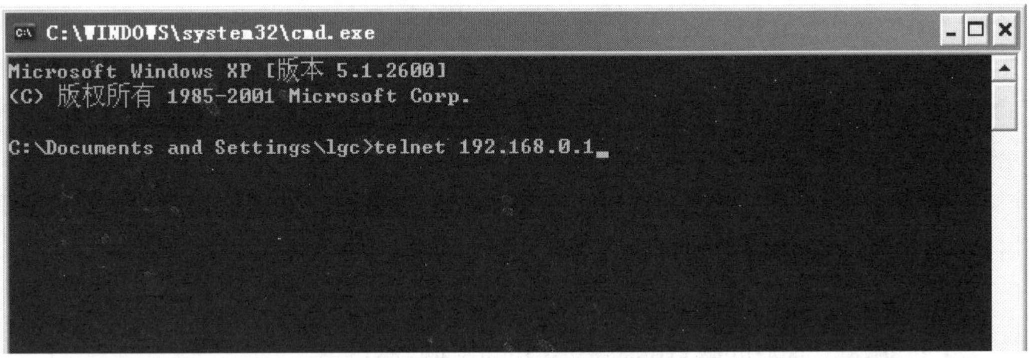

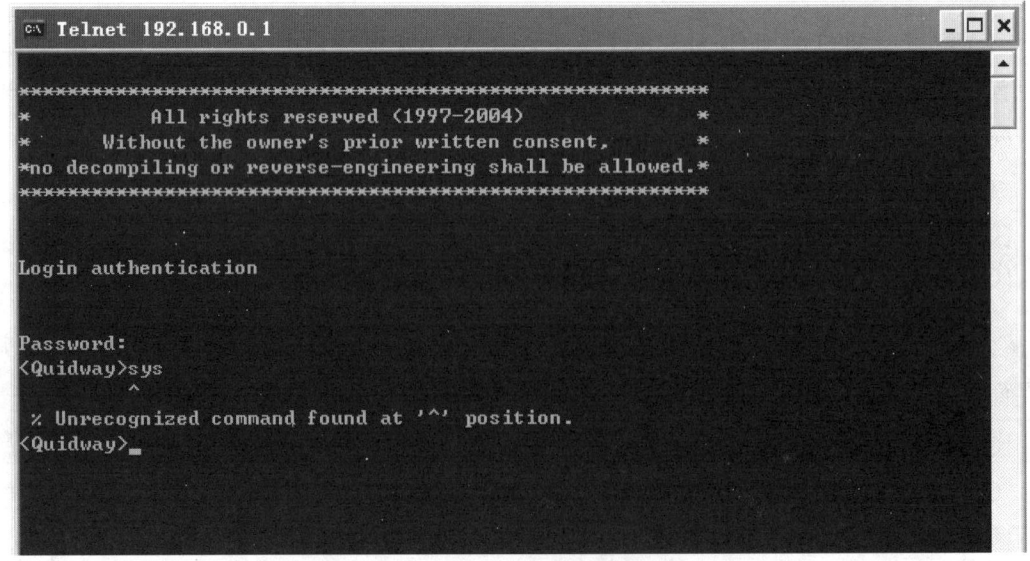

图 3-4-5　Telnet 连接到交换机

图 3-4-6　进入交换机用户视图

登录成功后用户的级别为 level 0，只能对交换机的用户界面进行查看，不能进行操作。在交换机上设置权限密码，命令如下。

[Quidway] user privilege level 3

在 Telnet 成功设置管理员密码后退出用户视图，计算机终端显示结果如图 3-4-7 所示。

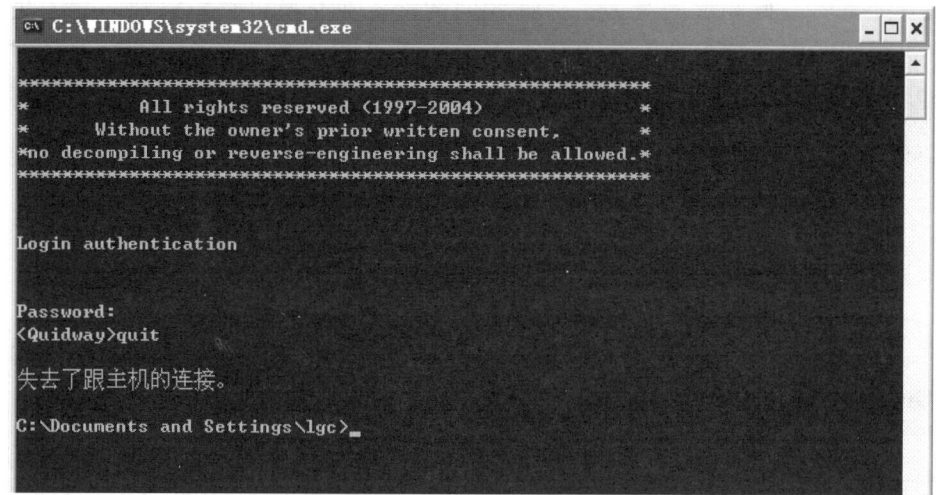

图 3-4-7　退出交换机

我们用 Telnet 重新登录交换机，再输入刚才设置的密码（123）即可进入管理员权限，就可以对交换机进行远程控制，如图 3-4-8 所示。

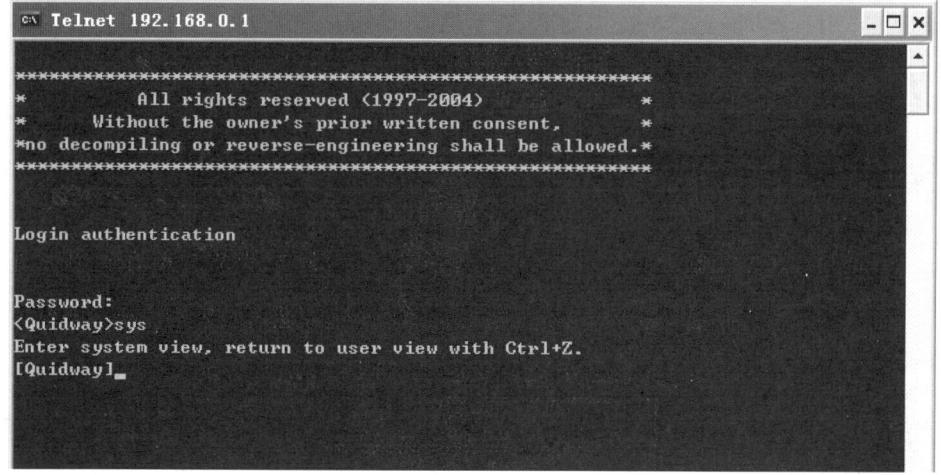

图 3-4-8　管理员权限登录交换机

思考题：

（1）计算机主机与交换机之间通过 Telnet 建立连接时，连接交换机的什么口？这时使用的网线是直连线还是交叉线？

（2）观察你所配置的交换机的型号，判断它是几层交换机。

（3）请你描述二层交换机和三层交换机之间的区别，并说明二层交换机和集线器之间的区别。

在需要时，我们可以恢复交换机的缺省配置，具体方法如下。

在实验时，我们为了不让实验受交换机以前的配置影响，常常需要先恢复交换机的缺省配置。我们在特权用户视图下顺序使用"erase""reset"命令后即可恢复交换机的缺省配置。与此相反的是为了保证我们的配置在交换机重新启动之后不丢失，我们需要执行"write"命令把配置信息写入 flash，这样一来，重新启动交换机时就会应用 flash 中保存的配置来初始化交换机。

2. 交换机的常用配置命令

1）实验原理

（1）交换机的用户界面。

交换机有以下几种常见命令视图。

① 用户视图：交换机开机直接进入用户视图，此时交换机显示在超级终端的标识符为<Quidway>。

② 系统视图：在用户视图下输入"system-view"命令后回车，即进入系统视图。在此视图下显示的标识符为：[Quidway]。

③ 以太网端口视图：在系统视图下输入"interface"命令即可进入以太网端口视图。在此视图下显示的标识符为：[Quidway-Ethernet0/1]。

④ VLAN 配置视图：在系统视图下输入"vlan vlan-number"即可进入 VLAN 配置视图。在此视图下显示的标识符为：[Quidway-Vlan1]。

⑤ VTY 用户界面视图：在系统视图下输入"user-interface vty number"即可进入 VTY 用户界面视图。在此视图下显示的标识符为：[Quidway-ui-vty0]。

进行配置时，需要注意配置视图的变化，特定的命令只能在特定的配置视图下运行。

（2）交换机的常用帮助。

在使用命令进行配置的时候，可以借助交换机提供的帮助功能快速完成命令的查找和命令关键字或参数的显示。

① 完全帮助：在任何视图下，输入"?"获取该视图下的所有命令及其简单描述。

② 部分帮助：输入一命令，后接以空格分隔的"?"，如果该位置为关键字，则列出全部关键字及其描述；如果该位置为参数，则列出有关的参数描述。在部分帮助里面，还有其他形式的帮助，如键入一字符串其后紧接"?"，交换机将列出所有以该字符串开头的命令；或者键入一命令后接一字符串，紧接"?"，列出命令以该字符串开头的所有关键字。

2）实验内容：交换机常用配置命令

3）实验目的：掌握交换机的基本命令行

4）实验环境如图 3-4-1 所示

5）实验步骤

3Com Quidway 全系列交换机命令行十分丰富，下面简单介绍最常用的一些配置命令。

(1)"Display current-configuration"命令。

该命令用来显示以太网交换机当前生效的配置参数。当用户完成一组配置之后,需要验证配置是否正确,则可以执行"display current-configuration"命令来查看当前生效的参数。对于某些参数,虽然用户已经配置,但这些参数所在的功能如果没有生效,则不予显示。

```
[Quidway] display current-configuration
#
sysname Quidway
#
radius scheme system
server-type huawei
primary authentication 127. 0. 0. 1 1645
primary accounting 127. 0. 0. 1 1646
user-name-format without-domain
domain system
radius-scheme System
access-limit disable
state active
idle-cut disable
domain default enable system
#
local-server nas-ip 127.0.0.1 key huawei
#
vlan 1
#
interface Aux 0/0
#
interface Ethernet 0/1
…
interface Ethernet0/24
#
Interface NULL 0
#
user-interface aux 0
user-interface vty 0 4
#
return
```

通常,我们可以在交换机配置完成后,通过这一条命令来查看配置信息是否完全正确。

(2)"Display saved-configuration"命令。

该命令用来显示 flash 中以太网交换机配置文件,即以太网交换机下次上电启动时所用的配置文件。如果以太网交换机上电之后工作不正常,可以执行"display saved-configuration"命令查看以太网交换机的启动配置。需要注意的是,命令"display current-configuration"用来显示 RAM 中的配置信息,而此条命令用来显示 flash 中的配置信息。

```
[Quidway] display saved-configuration
#
Sysname Quidway
#
Radius scheme system
server-type huawei

primary authentication 127. 0. 0. 1 1645
primary accounting 127. 0. 0. 1 1646
user-name-format without-domain
domain system
radius-scheme system
access-limit disable
state active
idle-cut disable
domain default enable system
#
local-server nas-ip 127. 0. 0. 1 keyhuawei
#
vlan 1
#
Interface Aux0/0
#
interface Ethernet0/1
#
…
interface Ethernet1/0/24
#
interface NULL 0
#
user-interface aux 0
user-interface Vty 0 4
#
return
```

(3)"Save"命令。

该命令用来保存当前配置文件到 flash 中。当我们完成一组配置,并且已经达到预定功能,则应将当前配置文件保存到 flash 中。

<Quidway>save

This will save the configuraton in the flash memory

The switch configurations will be written to flash

Are you sure? [y/n] y

Now saving current configuration to flash memory
Please wait for a while…

Save current configuration to flash memory successfully

(4)"Reset"命令。

该命令用来擦除 flash 中以太网交换机配置文件。我们一定要慎重执行该命令,最好在技术支持人员指导下使用。一般在以下几种情况使用:以太网交换机软件升级之后,flash 中配置文件可能与新版本软件不匹配,这时可以用"Reset saved-configuration"命令擦除旧的配置文件;将一台已经使用过的以太网交换机用于新的应用环境,原有的配置文件不能适应新环境的需求,需要对以太网交换机重新配置,这时可以擦除原配置文件后,重新配置。

<Quidway>reset saved-configuration

This will delete the configuration the flash memory.

The switch configurations will be erased to reconfigure

Are you sure?[Y/N] y

Now clearing the configuration in flash memory.
Please wait for a while…

Clear the configuration in flash memory successfully

<Quidway>

(5)"Reboot"命令。

该命令用来复位单板。"reboot"命令其实就是将以太网交换机重启。当以太网交换机出现故障需要重启的时候可以通过"reboot"命令来复位单板。"Reset saved-configuration"命令用于擦除 flash 中的配置信息,但是在交换机 RAM 中的配置信息仍然在工作,只有重启交换机才能够彻底清除交换机 RAM 和 flash 中的配置信息。"reboot"命令可以与"reset saved-configuration"命令共同使用,清除交换机的配置信息。

<Quidway>reboot

This will reboot Switch. Continue?[Y/N] y

<Quidway>

%7/3/2003 15:45:39—DEV-5-S1—DEV—LOG:

Switch is rebooted.

Starting…

　　　　Quidway S3928 BOOTROM, Version3.5

Copyright (c) 2000-2003 by HUAWEI-3COM TECHNOLOGIES CO., LTD
Creation date: Jul 15 2002, 11: 44: 35
CPU type   : MPC8240
CPU Clock Speed: 200Mhz
BUS Clock Speed: 33 Mhz
Memory Size   : 64 MB
S3928R001 main board self testing……………………．
SDRAM fast selftest………………………OK!
Please check port leds …………Led selftest finished!
Flash fast selftest   ………………OK!
Switch chip selftest ………………OK!
CPLD selftest………………OK!
Port   g2/1 has no module
Port   g1/1 has no module
PHY selftest………………………Ok!
SSRAM fast selftest ……………Ok!
Press ctrl-B to enter Boot Menu…0
AUTO- BOOTING
Decompress image
……………OK!
Starting application now …
User interface Aux0/0 is available
Press ENTER to started.

（6）"Display version"命令。
该命令用来显示系统版本信息。不同版本的软件有不同的功能，通过查看版本信息可以获知软件所支持的功能特性。

<Quidway>display version
Huawei Versatile Routing Platform Sofware
VRP（R）Software, Version 3.10（NA）, RELEASE 0008G
Copyright (c) 2002-2003 HUAWEI-3COM TECH CO., LTD.
Copyright Notice: All rights reserved（May 7 2003）
　　Without the owner's prior written consent, no decompiling
　　or reverse-engineering shall be allowed.
Quidway S3928 uptime is 0 week, 0 day, 0 hour, 9 minutes

Quidway S3928 with 1 mpc 8240 Processor
64M bytes DRAM
8192K bytes Flash Memory
Config Register points to FLASH
Hardware Version is REV. 0
CPLDVersion is CPLD002
Bootrom Version is 3.5
Subslot0 Hardware Version REV. 0

实训五　VLAN 的基础配置

一、实验原理

VLAN（Virtual LAN），翻译成中文是"虚拟局域网"。LAN 可以是由少数几台家用计算机构成的网络，也可以是数以百计的计算机构成的企业网络。VLAN 所指的 LAN 特指使用路由器分割的网络——也就是广播域。

二、实训内容

VLAN 基本配置。

三、实训目的

掌握 VLAN 基本配置命令和配置注意事项。

四、实训环境

2~3 台 S3000 系列交换机，8 台个人计算机。实训组网如图 3-5-1 所示。

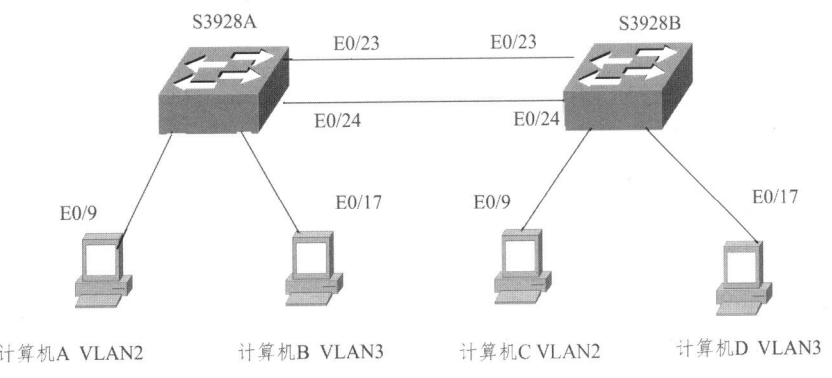

图 3-5-1　VLAN 配置一

五、实训步骤

根据教材所学内容,在我们配置完成后,同一 VLAN 内的计算机可以互通,不同 VLAN 间的计算机不能互通。配置计算机 A IP 地址为"10.1.1.2/24",计算机 B IP 地址为"10.1.2.2/24",计算机 C IP 地址为"10.1.1.3/24",计算机 D IP 地址为"10.1.2.3/24"。交换机之间两个端口链路聚合。

(1) 配置两台交换机的链路聚合。

S3928A 上的配置:

[Quidway]sysname S3928A

[S3928A]interface e1/0/23

[S3928A-Ethernet1/0/23]duplex full

[S3928A-Ethernet1/0/23]speed 100

[S3928A-Ethernet1/0/23]interface e1/0/24

[S3928A-Ethernet1/0/24]duplex full

[S3928A-Ethernet1/0/24]speed 100

[S3928A-Ethernet1/0/24]quit

[S3928A]link-aggregation Ethernet 1/0/23 to Ethernet 1/0/24 both

S3928B 上配置:

[Quidway]sysname S3928B

[S3928B]interface e1/0/23

[S3928B-Ethernet1/0/23]duplex full

[S3928B-Ethernet1/0/23]speed 100

[S3928B-Ethernet1/0/23]interface e1/0/24

[S3928B-Ethernet1/0/24]duplex full

[S3928B-Ethernet1/0/24]speed 100

[S3928B-Ethernet1/0/24] quit

[S3928B]link-aggregation Ethernet 1/0/23 to Ethernet 1/0/24 both

(2) 配置每一台计算机属于特定的 VLAN。

[S3928A] vlan2

[S3928A-vlan2]port Ethernet 0/9 to Ethernet 0/16

[S3928A-vlan2]vlan 3

[S3928A-vlan3]port Ethernet 0/17 to Ethernet 0/22

[S3928B] vlan2

[S3928B-vlan2]port Ethernet 0/9 to Ethernet 0/16

[S3928B-vlan2] vlan 3

[S3928B-vlan3]port Ethernet 0/17 to Ethernet 0/22

(3)配置交换机之间的端口为 Trunk 端口，并且允许所有 VLAN 通过。

配置 S3928A 端口为 Trunk 端口及允许所有 VLAN 通过 S3928A 的 Trunk 端口：

[S3928A]interface e1/0/23

[S3928A-Ethernet1/0/23]port link-type trunk

[S3928A-Ethernet 1/0/23]port trunk permit vlan all

[S3928A-Ethernet 1/0/23]interface e0/24

[S3928A-Ethernet 1/0/24]port link-type trunk

[S3928A-Ethernet1/0/24]port trunk permit vlan al1

配置 S3928B 端口为 Trunk 端口及允许所有 VLAN 通过 S3928B 的 Trunk 端口：

[S3928B]interface e1/0/23

[S3928B-Ethernet1/0/23]port link-type trunk

[S3928B-Ethernet1/0/23]port trunk permit vlan all

[S3928B-Ethernet1/0/23]interface e1/0/24

[S3928B-Ethernet1/0/24]port link-type trunk

[S3928B-Ethernet1/0/24]port trunk permit vlan all

我们配置完成后，可以看到，同一 VLAN 内部的计算机可以互相访问，不同 VLAN 间的计算机不能够互相访问。

我们在 S3928A 和 S3928B 之间增加 S3928C，同样实现上述实验目标：VLAN 内计算机互通，VLAN 间计算机隔离。网络组网如图 3-5-2 所示。

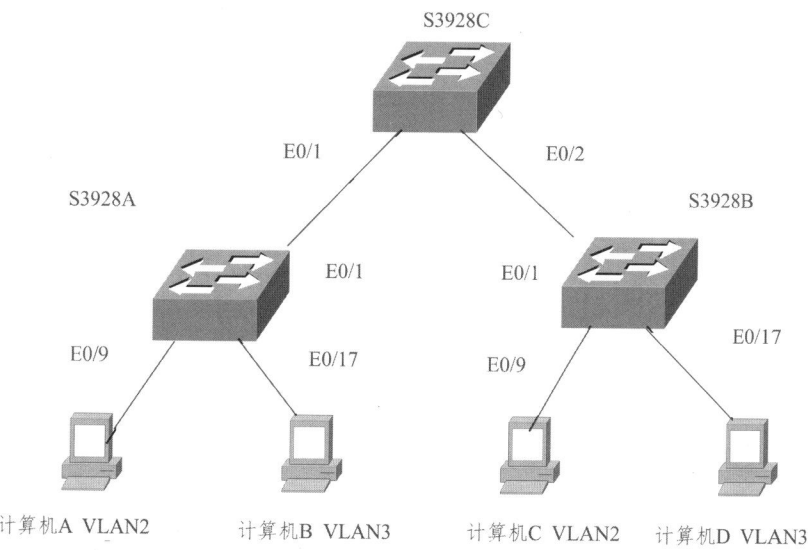

图 3-5-2 VLAN 配置二

继续上面的实验，这时候，我们需要修改三台交换机 e1/0/23 和 e1/0/24 接口的配置。配置步骤如下。

（4）删除链路聚合配置。

[S3928A]Undo link-aggregation all

[S3928B]Undo link-aggregation all

（5）配置三台交换机之间链路为 trunk 链路。

[Quidway]sysname S3928C

[S3928C] interface e0/1

[S3928C-Ethernet0/1]port link-type trunk

[S3928C-Ethernet0/1]port trunk permit vlan all

[S3928C-Ethernet0/1]interface e0/2

[S3928C-Ethernet0/2]port link-type trunk

[S3928C-Ethernet0/2]port trunk permit vlan all

（6）在 S3928C 上创建 VLAN2 和 VLAN3。

我们必须在交换机 S3928C 上创建 VLAN2 和 VLAN3，这样，这两个 VLAN 的帧才能够通过 S3928C。

[S3928C]vlan2

[S3928C-vlan2]vlan 3

实训六　路由器的基本配置

一、实验原理

（1）路由器简介。

路由器是一个工作在 OSI 参考模型第三层的网络设备，其主要功能是检查数据包中与网络层相关的信息，然后根据某些规则转发数据包。

路由器的硬件组成如下：

- 中央处理单元；
- 随机存取存储器；
- 闪存；
- 非易失的 RAM；
- 只读内存；
- 路由器接口。

路由器的软件同交换机一样，也包括一个引导系统和核心操作系统。

（2）路由器的配置方式。

路由器可以通过 5 种方式来配置：

① Console 终端视图；
② AUX 口远程视图；
③ 远程 Telnet 视图；
④ 哑终端视图；
⑤ ftp 下载配置文件视图。

其中通过 Console 口和远程 Telnet 配置方式是最常用的两种。

二、实训内容

路由器的配置方法。

三、实训目的

掌握路由器的几种常用配置方法。

四、实训环境

我们采用 Console 口配置的实训环境如图 3-6-1 所示。

我们将 RJ45 的一端插入到路由器的 Console 端口中，另一端为 9 针的串口接口和一个 25 针的串口接口，把它接在计算机合适的串口上。

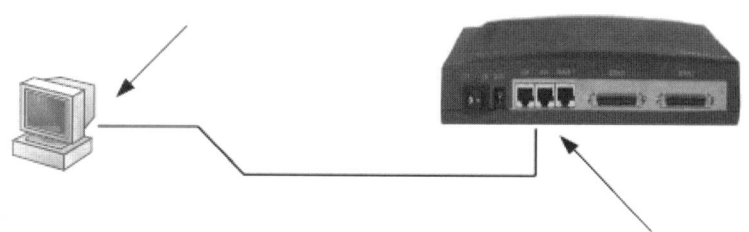

图 3-6-1　Console 接口配置路由器

Telnet 方式配置路由器的实训环境如图 3-6-2 所示。

图 3-6-2　Telnet 方式配置路由器

五、实训步骤

1. Console 口配置

用 Console 口对路由器进行配置是我们在工作中对路由器进行配置最基本的方法，

在第一次配置路由器时必须采用 Console 口配置方式。用 Console 口配置交换机时需要专用的串口配置电缆连接交换机的 Console 口和计算机主机的串口，这些实训室都已经配备好。实验前我们要检查配置电缆是否连接正确并确定使用计算机主机的哪一个串口。在创建超级终端时需要此参数。我们完成物理连线后，就可以创建超级终端。Windows 系统在附件中有超级终端软件，在创建超级终端过程中我们要注意两点：选择对应的串口（com1 或 com2）和配置串口参数。我们点击 Windows 的"开始"→"程序"→"附件"→"通讯"→"超级终端"就可以创建超级终端。

串口参数的配置如图 3-6-3 所示。

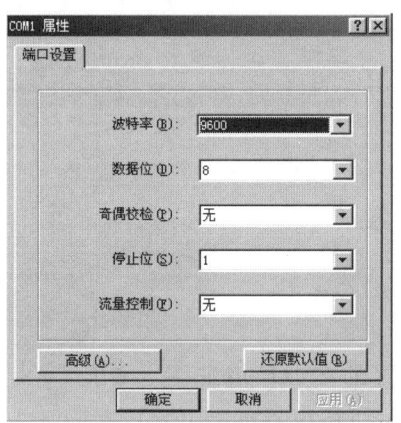

图 3-6-3　配置串口参数

参数配置完毕，我们单击确定按钮即可正常建立与路由器的通信。如果路由器已经启动，按"Enter"键即可进入路由器的用户视图。若还没有启动，打开路由器的电源我们会看到路由器的启动过程，启动完成后同样进入用户视图。路由器用户视图界面如图 3-6-4 所示。

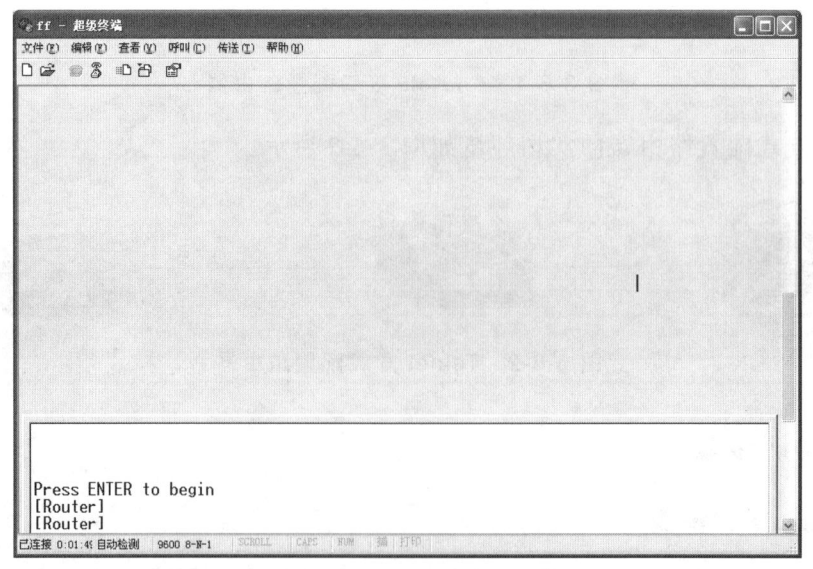

图 3-6-4　路由器用户视图

路由器均采用命令行的方式进行配置，为了我们实验的顺利进行，首先介绍一下 Quidway 系列路由器的几种配置视图。

- 系统视图。
  路由器开机直接进入系统视图，在该视图下我们可以查看路由器的配置信息和调试信息等，如版本号（用"display version"命令显示版本号）。
- 接口配置视图。
  在系统视图下输入"interface *interface-type interface-number*"即可进入接口配置视图，在该视图下我们主要完成接口参数的配置，具体配置在后面的实验有详细介绍。
- 路由协议配置视图。
  在系统视图下输入"rip"即可进入路由协议配置视图，在该配置视图下我们可以完成路由协议的一些相关配置。

下面是在路由器上运行不同视图切换命令后的显示情况，我们可以参照它来熟悉视图切换。

[Router]
[Router]interface serial 0   ；进入串口配置视图
[Router-Serial0]interface ethernet 0   ；进入以太网口配置视图
[Router-Ethernet0]quit   ；退出以太网口配置视图
[Router]rip   ；启动 RIP 路由协议，同时进入 RIP 配置视图
    waiting. . .
  RIP is turning on
[Router-rip]

我们需要注意上面几种视图提示符的变化。有的命令只能在某一视图执行，有的则可以在多个视图下执行，我们在实验时要多加注意。另外介绍一个快速返回系统视图的方法，在任何视图下都可以用"Ctrl＋z"直接返回系统视图。使用"quit"命令只能是逐步退出直至返回系统视图。

在使用命令行进行配置的时候，我们很难完全记住所有的命令格式和参数，所以路由器为我们维护和工程人员提供了强有力的帮助功能：在任何视图下均可以使用"？"来帮助我们完成配置。使用"？"可以查询任何视图下可以使用的命令，或者某参数后面可以输入的参数，或者以某字母开始的命令。如在系统视图下输入"？"或"display ？"或"d？"，我们看看它们分别有什么帮助信息显示。

2. Telnet 配置

如果路由器的以太网口配置了 IP 地址，我们就可以在本地或者远程使用 Telnet 登录到路由器上进行配置，这和使用 Console 口配置的界面完全相同，这样极大地方便了我们的工程维护人员对设备的维护。在此需要注意的是，我们配置使用的计算机主机是通过以太网口与路由器进行通信的，必须保证路由器以太网口可用；所以我们

必须先做好准备，即给路由器以太网口配置 IP 地址并正常工作。路由器 IP 地址的配置很简单，只需在接口配置模式下执行"ip address"命令即可。

（1）在路由器上设置允许 Telnet 服务和配置一个 Telnet 用户，具体配置为：
[Router]local-user huawei service-type administrator password simple 123

（2）配置路由器的以太网口的 IP 地址，相关配置如下：
[Router-Ethernet0]ip add 192.168.0.1 255.255.255.0
[Router-Ethernet0]
%16：51：24：Line protocol ip on the interface Ethernet0 is UP

（3）然后将计算机的 IP 地址修改为"192.168.0.x/24"，即可进行 Telnet 配置连接。
在本地计算机上运行 Telnet 客户端程序。Telnet 到路由器以太网口的地址，与路由器进行连接，当出现[Router]即可，可以对交换机进行远程控制。具体步骤如图 3-6-5 到图 3-6-8 所示。

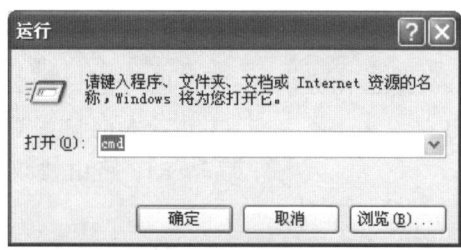

图 3-6-5　运行 CMD 命令

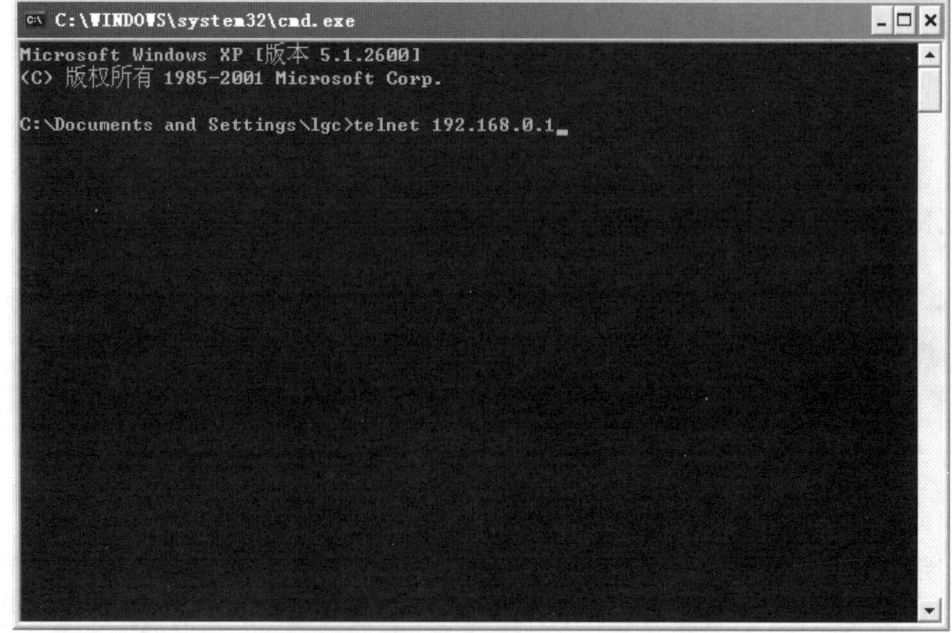

图 3-6-6　Telnet 路由器以太网口地址

图 3-6-7　输入路由器 Telnet 登录密码

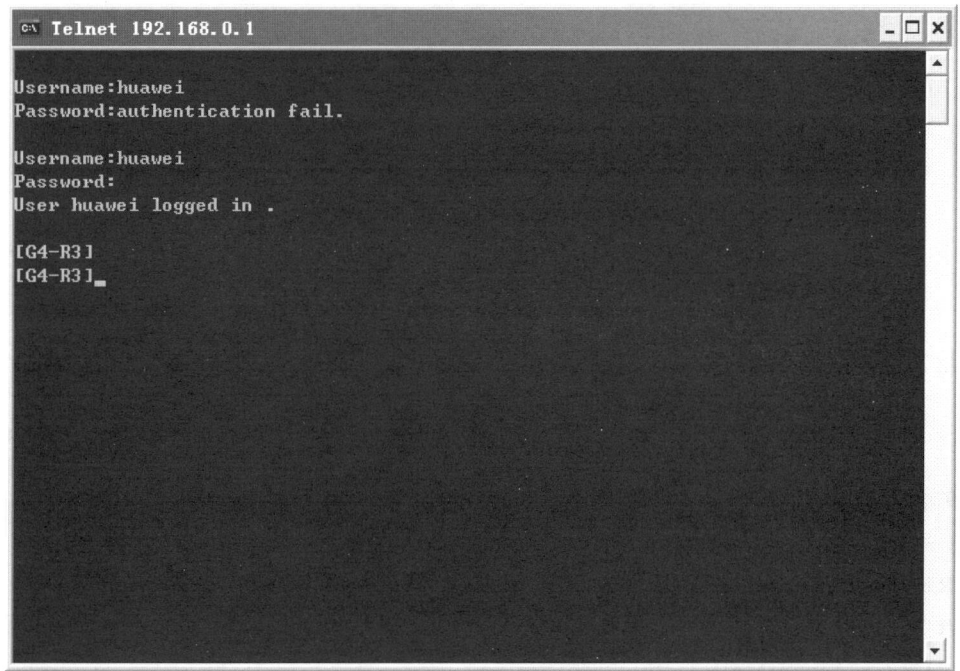

图 3-6-8　路由器系统视图

实训七 路由协议配置

一、实训内容

在 Quidway 路由器上配置 RIP 协议。

二、实训目的

掌握 RIP 协议的配置。

三、实训环境

我们实训的环境如图 3-7-1 所示。

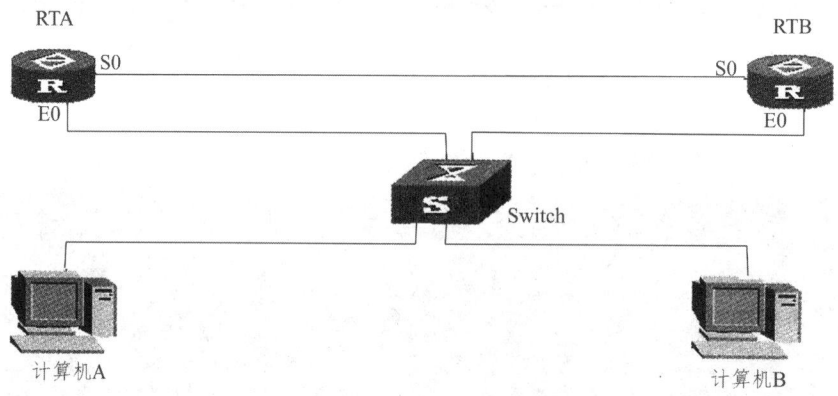

图 3-7-1 路由协议配置组网

四、实训步骤

1. 配置 RIP 协议

在静态路由实验基础上,删除静态路由的配置,再启动 RIP 协议,其配置命令和配置信息以及路由表信息如下。

[RTA]undo ip route-static 202.0.1.0 255.255.255.0 192.0.0.2
[RTA]rip
[RTA-rip]network all
[RTB]undo ip route-static 202.0.0.0 255.255.255.0 192.0.0.1
[RTB]rip
[RTB-rip]network all

（1）查看 RTA 的配置信息和路由表，路由表显示如下。
[RTA]display ip routing-table
RoutingTables：
Destination/Mask Proto Pref   Metric   Nexthop   Interface
   127. 0. 0. 0/8 Direct   0   0   127. 0. 0. 1 LoopBack0
   127. 0. 0. 1/32 Direct 0   0   127. 0. 0. 1 LoopBack0
   192. 0. 0. 1/0/24 Direct 0   0   192. 0. 0. 2 Serial0
   192. 0. 0. 1/32 Direct 0   0   127. 0. 0. 1 LoopBack0
   192. 0. 0. 2/32 Direct 0   0   192. 0. 0. 2 Serial0
   202. 0. 0. 1/0/24 Direct 0   0   202. 0. 0. 1 Ethernet0
   202. 0. 0. 1/32 Direct 0   0   127. 0. 0. 1 LoopBack0
   202. 0. 1. 1/0/24   RIP 100   1   192. 0. 0. 2 Serial0

（2）查看 RTB 的路由表信息如下。
[RTB]display ip routing-table
RoutingTables：
Destination/Mask Proto Pref   Metric   Nexthop   Interface
   127. 0. 0. 0/8   Direct   0   0   127. 0. 0. 1 LoopBack0
   127. 0. 0. 1/32 Direct   0   0   127. 0. 0. 1 LoopBack0
   192. 0. 0. 1/0/24 Direct   0   0   192. 0. 0. 1 Serial0
   192. 0. 0. 1/32 Direct   0   0   192. 0. 0. 1 Serial0
   192. 0. 0. 2/32 Direct   0   0   127. 0. 0. 1 LoopBack0
   202. 0. 0. 1/0/24   RIP 100   1   192. 0. 0. 1 Serial0
   202. 0. 1. 1/0/24 Direct   0   0   202. 0. 1. 1 Ethernet0
   202. 0. 1. 1/32 Direct   0   0   127. 0. 0. 1 LoopBack0

（3）测试网络互通性，应该是全网互通的。如果不是，请检查配置。

2. RIP 是怎样发现路由的

（1）在系统视图下打开 RIP 协议调试开关，有如下信息在路由器之间传递，它们完成了路由的交换，并形成新的路由。

[RTA]info-center console   //设置允许信息中心向 Console 口输出；
[RTA]info-center console debugging //设置信息中心向 Console 口输出调试信息
[RTA]debugging rip packet
RIP：receive Response from l92. 0. 0. 2 （Serial0）
Packet：vers 1, cmd Response, length24
   Dest 202. 0. 1. 0, Metric 1

RIP：send from 202.0.0.1 to 255.255.255.255（Ethernet0）
Packet：vers 1，cmd Response，length44
　　dest 202.0.1.0，Metric2
　　dest 192.0.0.0，Metric 1

（2）从上面的信息可以看到 RIP 协议版本为 version1，这是 3Com 路由器的默认版本。可以在接口视图下用"rip version 2 multicast"命令改变协议版本（注意：需要两端接口都执行该命令），再查看 debug 信息如下。

[RTA]debugging rip packet
RIP：send from 192.0.0.1 to 224.0.0.9（Serial0）
Packet：vers2，cmd Response，length24
Dest 202.0.0.0 mask 255.255.255.0　router 0.0.0.0 ，metric 1

RIP：receive Response from 192.0.0.2（Serial0）
Packet：vers2，cmd Response，length24
Dest 202.0.1.0 mask 255.255.255.0，router 0.0.0.0，metric 1

（3）然后使用"rip version 2 broadcast"命令改变协议报文的发送方式为广播方式，查看 debug 信息如下。

[RTA]debugging rip packet
RIP：send from 192.0.0.1to255.255.255.255（Serial0）
Packet：vers2，cmd Response，length24
dest 202.0.0.0 mask 255.255.255.0，router 0.0.0.0，metric 1
RIP：receive Response from 192.0.0.2（Serial0）
Packet：vers2，cmdResponse，length24
dest 202.0.1.0 mask 255.255.255.0，router 0.0.0.0，metric 1

（4）比较以上三种情况的 debug 信息，能够发现它们的异同吗?广播地址是什么，组播地址又是什么?3Com 路由器的默认状态启动了水平分割功能，在以上配置基础上，关闭水平分割（undoripsplit-horizon）再看看 debug 信息有什么变化吗？

[RTA]debugging rip packet
RIP：send from 202.0.0.1 to 255.255.255.255（Ethernet0）
Packet：vers1，cmd Response，length44
　　dest 202.0.1.0，Metric2
　　dest 192.0.0.0，Metric1
RIP：send from 192.0.0.1 to 255.255.255.255（Serial0）
Packet：vers2，cmd Response，length44
dest 202.0.1.0 mask 255.255.255.0，router 0.0.0.0 ，metric2
dest 202.0.0.0 mask 255.255.255.0，router 0.0.0.0 ，metric1

我们比较后发现关闭水平分割时，交换的路由信息增加了，这就是水平分割的作用。水平分割规定不能将从某一网关送来的路由信息再送回此网关，这就是为什么关闭水平分割时交换的路由信息增加了。

下面我们再来理解验证路由器的自动聚合功能。先使用命令修改各路由器的 E0 口的 IP 地址，IP 地址如下所示：

RTB E0：10.0.1.1/24

RTA E0：10.0.2.1/24

显示路由器配置信息和路由表信息如下。

[RTA]display Current- configuration
Now create configuration...
Current configuration
!
   version 1.74
   info-center console
   info-center console debugging
   firewall enable
   Sysname RTA
   Encrypt-card fast-switch
!
Interface Aux0
   async mode flow
   phy-mru 0
   link-protocol ppp
!
Interface Ethernet0
   Ip address 10.0.1.1 255.255.255.0
!
   Interface Serial 0
   link-protocol ppp
   Ip address 192.0.0.1 255.255.255.0
   rip Version 2 broadcast
!
   Interface serial 1
   Link-protocol ppp
!
   Interface serial 2

```
    Link-protocol ppp
    !
    Interface Serial 3
    Link-protocol ppp
    !
    quit
rip
network all
!
quit
!
return
```

[RTA]display ip routing-table
Routing Tables：
Destination/Mask Proto
  10. 0. 1. 1/0/24 Direct 0
  10. 0. 1. 1/32 Direct 0
  127. 0. 0. 0/8 Direct 0
  127. 0. 0. 1/32 Direct 0
  192. 0. 0. 1/0/24 Direct 0
  192. 0. 0. 1/32 Direct 0
  192. 0. 0. 2/32 Direct 0
Metric Nexthop Interface
10. 0. 1. 1 Ethernet0
127. 0. 0. 1 LoopBack0
127. 0. 0. 1 LoopBack0
127. 0. 0. 1 LoopBack0
192. 0. 0. 2 Serial0
127. 0. 0. 1 LoopBack0
192. 0. 0. 2 Serial0

然后在协议视图下关闭自动聚合功能，显示路由表信息如下。

[RTB-rip]undo summary
[RTA-rip] display ip routing-table
Routing Tables：

```
Destination/Mask Proto   Pref   Metric    Nexthop    Interface
10.0.1.1/0/24   Direct   0      0         10.0.1.1   Ethernet0
10.0.1.1/32     Direct   0      0         127.0.0.1  LoopBack0
10.0.2.1/0/24   RIP      100    1         192.0.0.2  Serial0
127.0.0.0/8     Direct   0      0         127.0.0.1  LoopBack0
127.0.0.1/32    Direct   0      0         127.0.0.1  LoopBack0
192.0.0.1/0/24  Direct   0      0         192.0.0.2  Serial0
192.0.0.1/32    Direct   0      0         127.0.0.1  LoopBack0
192.0.0.2/32    Direct   0      0         192.0.0.2  Serial0
```

我们比较前后两次的路由表信息,会发现关闭自动聚合功能时增加了一条动态路由,知道为什么吗?然后改变协议版本("rip Version 1")并使之生效,并在关闭和启动自动聚合功能下显示路由表信息会发现都没有动态路由产生,知道为什么吗?因为"version1"不支持可变长子网掩码,而 10.0.1.1 与 10.0.2.1 属于 A 类地址,自然掩码为 8 位,属于同一网段的地址。

路由表信息如下。

```
[RTA-Serial0]display ip routing-table
Routing Tables:
Destination/Mask Proto  Pref   Metric    Nexthop    Interface
    10.0.1.1/0/24  Direct  0    0         10.0.1.1   Ethernet0
    10.0.1.1/32    Direct  0    0         127.0.0.1  LoopBack0
    127.0.0.0/8    Direct  0    0         127.0.0.1  LoopBack0
    127.0.0.1/32   Direct  0    0         127.0.0.1  LoopBack0
    192.0.0.1/0/24 Direct  0    0         192.0.0.2  Serial0
    192.0.0.1/32   Direct  0    0         127.0.0.1  LoopBack0
    192.0.0.2/32   Direct  0    0         192.0.0.2  Serial0
```

我们还可以在接口视图下配置命令"rip version 2 mcast"后,显示路由表信息看看又是什么情况。比较上述几种情况下的路由信息,总结"version 1"和"version 2"的异同,组播和广播的异同以及水平分割和自动聚合的功能。

实训八 基于动态路由协议的综合实训

一、实训内容

在路由器上配置静态路由、RIP 和 OSPF 协议,实现互通。

二、实训目的

进一步深入理解路由协议的配置。

三、实训环境

综合实训的模拟环境,实验共需要四台路由器、一台交换机和四台计算机,实际组网如图 3-8-1 所示。

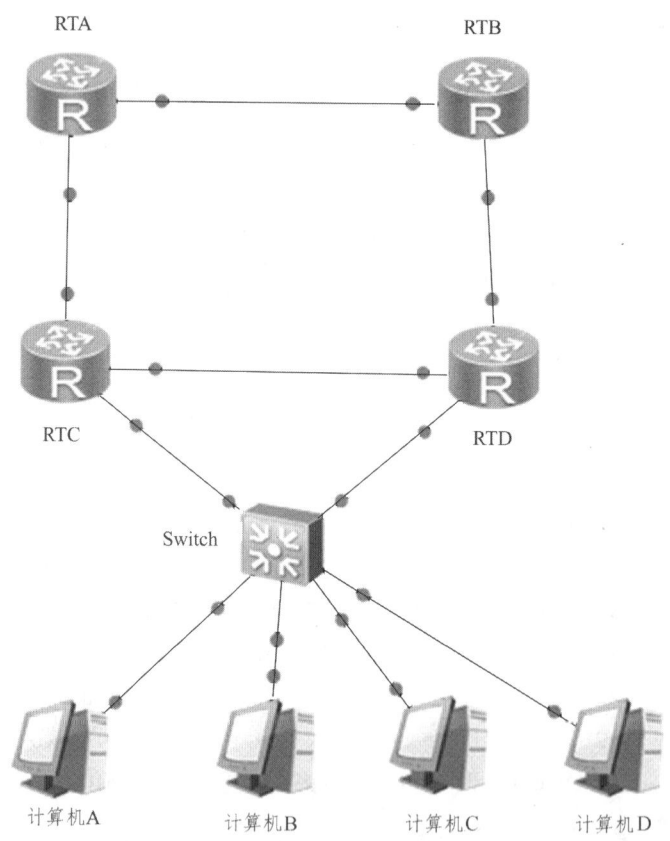

图 3-8-1 路由协议综合实训组网图

路由器的各接口 IP 地址分配如下:

	RTA	RTB	RTC	RTD
E0	202.0.0.1/24	202.0.1.1/24	202.0.2.1/24	202.0.3.1/24
S0	192.0.0.1/24	192.0.0.2/24	192.0.2.1/24	192.0.2.2/24
S1		192.0.1.1/24	192.0.1.2/24	

计算机的 IP 地址和网关地址分配如下:

	计算机 A	计算机 B	计算机 C	计算机 D
IP Address	202.0.0.2/24	202.0.1.2/24	202.0.2.2/24	202.0.3.2/24
Gateway	202.0.0.1	202.0.1.1	202.0.2.1	202.0.3.1

实训中要求进行 OSPF 协议的配置。读者可参考实训步骤完成配置。

实训中路由器的各串口默认封装 PPP 协议，不做另外的配置。

为了不受路由器原来配置的影响，在实训之前请先将所有路由器的配置数据擦除后重新启动。交换机在此不需要配置。

四、实训步骤

1. 启动路由协议及配置静态路由

在 RTA 与 RTB 之间配置静态路由，RTB 与 RTC 之间启动 RIP 协议，RTC 与 RTD 之间启动 OSPF 协议。具体使能哪些网段详见配置信息。

（1）在此，我们先不配置路由引入，看能否实现全网互通。配置信息如下。

① 路由器 A 的配置信息。
[Quidway]sysname RouterA
[RouterA]interface Ethernet0
[RouterA-Ethernet0]ip address 202.0.0.1 255.255.255.0
[RouterA-Ethernet0]interface Serial0
[RouterA-Serial0]ip address 192.0.0.1 255.255.255.0
[RouterA-Serial0]quit
[RouterA]ip route 0.0.0.0 0 192.0.0.2

② 路由器 B 的配置信息。
[RouterB]int e0
[RouterB-Ethernet0]ip addr 202.0.1.1 24
[RouterB-Ethernet0]int s0
[RouterB-Serial0]ip addr 192.0.0.2 24
[RouterB-Serial0]int s1
[RouterB-Serial0]ip addr 192.0.1.1 24
[RouterB-Serial0]quit
[RouterB] rip
[RouterB-rip]network 192.0.1.0
[RouterB-rip]network 202.0.1.0
[RouterB-rip]quit
[RouterB]ip route 202.0.0.0 24 192.0.0.1

③ 路由器 C 的配置信息。
[Quidway]sysname RouterC

[RouterC]int e0
[RouterC-Ethernet0]ip addr 202. 0. 2. 1   24
[RouterC-Ethernet0]ospf en a0
[RouterC-Ethernet0]quit
[RouterC]int s0
[RouterC-Serial0]ip addr 192. 0. 2. 1   2
[RouterC-Serial0]ospf en a0
[RouterC-Serial0]int s1
[RouterC-Serial1]ip addr 192. 0. 1. 2   24
[RouterC-Serial1]quit
[RouterC]rip
[RouterC-rip]network 202. 0. 2. 0
[RouterC-rip]network 192. 0. 1. 0
[RouterC-rip]quit
[RouterC]ospf en

④ 路由器 D 的配置信息。
[Quidway]sysname RouterD
[RouterD]int e0
[RouterD-Ethernet0]ip addr 202. 0. 3. 1   24
[RouterD-Ethernet0]ospf en a0
[RouterD-Ethernet0] int s0
[RouterD-Serial0]ip addr 192. 0. 2. 2   24
[RouterD-Serial0]ospf en a0
[RouterD-Serial0]quit
[RouterD]ospf en

我们检查配置与以上配置相同后，用"ping"命令测试网络互通情况，我们会发现跨越路由器的网段不能互通，如 202. 0. 0. 0 网段不能与 202. 0. 2. 0 网段互通。在 RTA 上不能 ping 通 192. 0. 2. 0 网段。这是由于不同路由协议发现的路由没有互相传递。

（2）通过查看路由器的路由信息可知不同路由协议之间没有相互交换路由信息，所以路由器不能发现整网的路由，从而不能全网互通。
各路由器的路由表信息如下。

① 路由器 A 的路由表。
[RouterA] dis ip ro
RoutingTables:
Destination/Mask Proto Pref   Metric   Nexthop   Interface

Destination/Mask	Proto	Pref	Metric	Nexthop	Interface
0.0.0.0/0	Static	60	0	192.0.0.2	Serial0
127.0.0.0/8	Direct	0	0	127.0.0.1	LoopBack0
127.0.0.1/32	Direct	0	0	127.0.0.1	LoopBack0
192.0.0.1/0/24	Direct	0	0	192.0.0.2	Serial0
192.0.0.1/32	Direct	0	0	127.0.0.1	LoopBack0
192.0.0.2/32	Direct	0	0	192.0.0.2	Serial0
202.0.0.1/0/24	Direct	0	0	202.0.0.1	Ethernet0
202.0.0.1/32	Direct	0	0	127.0.0.1	LoopBack0

② 路由器 B 的路由表。

[RouterB]dis ip ro
RoutingTables：

Destination/Mask	Proto	Pref	Metric	Nexthop	Interface
127.0.0.0/8	Direct	0	0	127.0.0.1	LoopBack0
127.0.0.1/32	Direct	0	0	127.0.0.1	LoopBack0
192.0.0.1/0/24	Direct	0	0	192.0.0.1	Serial0
192.0.0.1/32	Direct	0	0	192.0.0.1	Serial0
192.0.0.2/32	Direct	0	0	127.0.0.1	LoopBack0
192.0.1.1/0/24	Direct	0	0	192.0.1.2	Serial1
192.0.1.1/32	Direct	0	0	127.0.0.1	LoopBack0
192.0.1.2/32	Direct	0	0	192.0.1.2	Serial1
202.0.0.1/0/24	Static	60	0	192.0.0.1	Serial0
202.0.1.1/0/24	Direct	0	0	202.0.1.1	Ethernet0
202.0.1.1/32	Direct	0	0	127.0.0.1	LoopBack0
202.0.2.1/0/24	RIP	100	1	192.0.1.2	Serial1

③ 路由器 C 的路由表。

[RouterC]dis ip ro
RoutingTables：

Destination/Mask	Proto	Pref	Metric	Nexthop	Interface
127.0.0.0/8	Direct	0	0	127.0.0.1	LoopBack0
127.0.0.1/32	Direct	0	0	127.0.0.1	LoopBack0
192.0.1.1/0/24	Direct	0	0	192.0.1.1	Serial1
192.0.1.1/32	Direct	0	0	192.0.1.1	Serial1
192.0.1.2/32	Direct	0	0	127.0.0.1	LoopBack0
192.0.2.1/0/24	Direct	0	0	192.0.2.2	Serial1
192.0.2.1/32	Direct	0	0	127.0.0.1	LoopBack0
192.0.2.2/32	Direct	0	0	192.0.2.2	Serial1

202. 0. 1. 1/0/24	RIP	100	1	192. 0. 1. 1	Serial1
202. 0. 2. 1/0/24	Direct	0	0	202. 0. 2. 1	Ethernet0
202. 0. 2. 1/32	Direct	0	0	127. 0. 0. 1	LoopBack0
202. 0. 3. 1/0/24	OSPF	10	1572	192. 0. 2. 2	Serial0

④ 路由器 D 的路由表。

[RouterD]dis ip ro

RoutingTables：

Destination/Mask Proto Pref   Metric   Nexthop   Interface

127. 0. 0. 0/8 Direct   0   0   127. 0. 0. 1   LoopBack0

127. 0. 0. 1/32 Direct   0   0   127. 0. 0. 1   LoopBack0

192. 0. 2. 1/0/24 Direct   0   0   192. 0. 2. 1   Serial0

192. 0. 2. 1/32 Direct   0   0   192. 0. 2. 1   Serial0

192. 0. 2. 2/32 Direct   0   0   127. 0. 0. 1   LoopBack0

202. 0. 2. 1/0/24 OSPF   10   1572   192. 0. 2. 1   Serial0

202. 0. 3. 1/0/24 Direct   0   0   202. 0. 3. 1   Ethernet0

202. 0. 3. 1/32 Direct   0   0   127. 0. 0. 1   LoopBack0

2. 引入其他路由协议

为了实现全网互通，我们需要路由器能在不同协议之间交换路由信息或者全网运行同一种路由协议，但实际网络中往往需要运行多种路由协议，所以我们在这里有必要介绍如何让不同路由协议交换路由信息。这涉及路由引入即引入其他路由协议发现的路由信息。下面是配置完路由引入后各路由器的配置信息和路由信息表。

① 配置路由器 A。

[RouterA]dis cu

Now create configuration…

Current configuration

version 1. 74

firewall enable

Sysname RouterA

encrypt-card fast-switch

!

Interface Aux0

Async mode   flow

Phy-mru 0

link-protocol ppp

interface Ethernet0

ip address 202. 0. 0. 1 255. 255. 255. 0
interface serial0
link-protocol ppp
Ip address 192. 0. 0. 1 255. 255. 255. 0
Interface Serial1
link-protocol ppp
interface Serial2
link-protocol ppp
Interface Serial3
link-protocol ppp
Ip route-static 0. 0. 0. 0   0. 0. 0. 0   192. 0. 0. 2 preference 60
!
return
[RouterA]dis ip ro
RoutingTables：
Destination/Mask Proto Pref   Metric   Nexthop   Interface
   0. 0. 0. 0/0   Static   60   0   192. 0. 0. 2 Serial0
   127. 0. 0. 0/8   Direct   0   0   127. 0. 0. 1 LoopBack0
   127. 0. 0. 1/32 Direct   0   0   127. 0. 0. 1 LoopBack0
   192. 0. 0. 1/0/24 Direct   0   0   192. 0. 0. 2 Serial0
   192. 0. 0. 1/32 Direct   0   0   127. 0. 0. 1 LoopBack0
   192. 0. 0. 2/32 Direct   0   0   192. 0. 0. 2 Serial0
202. 0. 0. 1/0/24 Direct   0   0   202. 0. 0. 1 Ethernet0
202. 0. 0. 1/32   0   0   127. 0. 0. 1 LoopBack0

② 配置路由器 B。
[RouterB-rip]import direct cost2
[RouterB-rip]import Static cost2
[RouterB]dis cu
Now create configuration…
Current Configuration
!
version 1. 74
firewall enable
Sysname RouterB
Encrypt-Card fast-switch
interface Aux0
async mode flow

phy-mru 0
link-protocol ppp
!
Interface Ethernet 0
Ip address 202. 0. 1. 1 255. 255. 255. 0
!
Interface Serial0
clock DTECLK1
link-protocol ppp
ip address 192. 0. 0. 2 255. 255. 255. 0
!
Interface Serial1
link-protocol ppp
Ip address 192. 0. 1. 1 255. 255. 255. 0
!
quit
rip
network 202. 0. 1. 0
network 192. 0. 1. 0
import-route Static cost2
import-route direct cost2
202. 0. 0. 1 Ethernet0
127. 0. 0. 1 LoopBack0
!
quit
!
quit
ip route-static 202. 0. 0. 0 255. 255. 255. 0 192. 0. 0. 1 preference 60
!
return
[RouterB]dis ip ro
RoutingTables:

Destination/Mask	Proto	Pref	Metric	Nexthop	Interface
127. 0. 0. 0/8	Direct	0	0	127. 0. 0. 1	LoopBack0
127. 0. 0. 1/32	Direct	0	0	127. 0. 0. 1	LoopBack0
192. 0. 0. 1/0/24	Direct	0	0	192. 0. 0. 1	Serial0
192. 0. 0. 1/32	Direct	0	0	192. 0. 0. 1	Serial0
192. 0. 0. 2/32	Direct	0	0	127. 0. 0. 1	LoopBack0

192. 0. 1. 1/0/24 Direct   0   0   192. 0. 1. 2 Serial1
192. 0. 1. 1/32   Direct   0   0   127. 0. 0. 1 LoopBack0
192. 0. 1. 2/32   Direct   0   0   192. 0. 1. 2 Serial1
202. 0. 0. 1/0/24 Static 60   0   192. 0. 0. 1 Serial1
202. 0. 1. 1/0/24 Direct   0   0   202. 0. 1. 1 Ethernet0
202. 0. 1. 1/32   Direct   0   0   127. 0. 0. 1 LoopBack0
202. 0. 2. 1/0/24 RIP   100   1   192. 0. 1. 2 Serial1

③ 配置路由器 C。
[RouterC-rip]import dir co 2
[RouterC-rip]import ospf co 2
[RouterC-rip]quit
[RouterC]ospf
[RouterC-ospf]import dir
[RouterC-ospf]import rip
[RouterC-ospf]dis cu
Now create configuration…
Current configuration
!
version 1. 74
firewall enable
Sysname RouterC
Encrypt-card fast-switch
!
interface Aux0
async mode flow
phy-mru 0
link-protocol ppp
!
Interface Ethernet0
Ip address 202. 0. 2. 1 255. 255. 255. 0
ospf enable area 0. 0. 0. 0
!
Interface Serial0
link-protocol ppp
ip address 192. 0. 2. 1 255. 255. 255. 0
ospf enable area 0. 0. 0. 0
!

```
interface Serial1
clock DTECLK1
link-protocol ppp
ip address 192.0.1.2   255.255.255.0
!
quit
rip
network   192.0.1.0
network   202.0.2.0
import-route ospf cost2
import-route direct cost2
!
quit
!
ospf enable
import-route rip
import-route direct
!
quit
!
[RouterC-ospf ]dis ip rou
RoutingTables:
Destination/Mask Proto    Pref   Metric   Nexthop    Interface
     127.0.0.0/8    Direct   0     0     127.0.0.1  LoopBack0
     127.0.0.1/32  Direct    0     0     127.0.0.1  LoopBack0
     192.0.0.1/0/24  RIP    100    2     192.0.1.1  Serial1
     192.0.1.1/0/24 Direct   0     0     192.0.1.1  Serial1
     192.0.1.1/32  Direct    0     0     192.0.1.1  Serial1
     192.0.1.2/32  Direct    0     0     127.0.0.1  LoopBack0
     192.0.2.1/0/24 Direct   0     0     192.0.2.2  Serial0
     192.0.2.1/32  Direct    0     0     127.0.0.1  LoopBack0
     192.0.2.2/32  Direct    0     0     192.0.2.2  Serial0
     202.0.0.1/0/24  RIP    100    2     192.0.1.1  Serial1
     202.0.1.1/0/24  RIP    100    1     192.0.1.1  Serial1
     202.0.2.1/0/24 Direct   0     0     202.0.2.1  Ethernet0
     202.0.2.1/32  Direct    0     0     127.0.0.1  LoopBack0
     202.0.3.1/0/24  OSPF   10    1572   192.0.2.2  Serial0
```

④ 配置路由器 D。
[RouterD]dis cu
Now create configuration…
Current configuration
version 1. 74
firewall enable
Sysname RouterD
Encrypt-card fast-switch
interface Aux0
async mode flow
phy-mru 0
link-protocol ppp
interface Ethernet0
ip address 202. 0. 3. 1 255. 255. 255. 0
ospf enable area 0. 0. 0. 0
!
interface Serial 0
clock DTECLK1
link-protocol ppp
ip address 192. 0. 2. 2 255. 255. 255. 0
ospf enable area 0. 0. 0. 0
interface Serial 1
link-protocol ppp
!
quit
ospf enable
!quit
!
Return

[RouterD]dis ip ro
RoutingTables：
Destination/Mask Proto Pref   Metric   Nexthop   Interface
    127. 0. 0. 0/8 Direct   0   0   127. 0. 0. 1 LoopBack0
    127. 0. 0. 1/32 Direct   0   0   127. 0. 0. 1 LoopBack0
    192. 0. 0. 0/24 O_ASE   150   1   192. 0. 2. 1 Serial0
    192. 0. 1. 1/0/24 O_ASE 150   1   192. 0. 2. 1 Serial0
    192. 0. 1. 1/32 O_ASE 150   1   192. 0. 2. 1 Serial0

```
192.0.2.1/0/24 Direct    0     0      192.0.2.1 Serial0
192.0.2.1/32   Direct    0     0      192.0.2.1 Serial0
192.0.2.2/32   Direct    0     0      127.0.0.1 LoopBack0
202.0.0.1/0/24 O_ASE    150    1      192.0.2.1 Serial0
202.0.1.1/0/24 O_ASE    150    1      192.0.2.1 Serial0
202.0.2.1/0/24 OSPF     10    1572    192.0.2.1 Serial0
202.0.3.1/0/24 Direct    0     0      202.0.3.1 Ethernet0
202.0.3.1/32   Direct    0     0      127.0.0.1 LoopBack0
```

从路由表可以看出，我们引入其他路由协议之后每个路由器的路由表都增加了几条新的路由记录，这就是通过路由引入从其他路由协议学习到的路由信息。现在我们再次测试全网的互通情况，发现各网段的计算机都可以互通了。知道为什么吗？

五、实训小结

本实训完成了静态路由和动态路由协议的配置，在实验过程中应重点比较 RIP1、RIP2 的特性，如对可变长子网掩码的支持等；OSPF 协议我们在此未作重点介绍，但它是实际应用中最为广泛的动态路由协议，我们应注意后续的学习。

项目四 服务器安装及配置实训

实训一 Windows2000 Server 服务器的安装

一、实训目的

（1）了解 Windows2000 Server 安装的硬件要求。
（2）熟练掌握 Windows2000 Server 安装过程，包括分区设置、口令保护、时区设置、网络设置、服务设置、注册等。
（3）掌握 Windows2000 Server 基本系统服务的安装及设置。
（4）掌握 Windows2000 Server 基本的安全管理。

二、实训环境

实训环境包括 Windows2000 Server 安装光盘、计算机硬件安装平台。

实训二 网络配置及网络资源共享

一、实训目的

（1）了解网络基本配置中包含的协议、服务和基本参数。
（2）掌握 Windows2000 Server 系统网络组件的安装和卸载方法。
（3）掌握 Windows2000 Server 系统共享目录的设置和使用方法。

二、实训环境

实训环境包括多台具备 Windows2000 Server 系统的计算机、局域网网络环境。

三、实训重点

实训重点：共享目录的设置和使用方法；不同用户不同访问权限的设置。

实训三　NTFS 用户权限设置

一、实训目的

（1）理解 NTFS 权限设置的作用、分类及应用法则。
（2）掌握 NTFS 权限设置的方法。

二、实训环境

实训环境包括已安装 Windows2000 Server 的计算机、Windows2000 Server 安装光盘。

三、实训重点

实训重点：学习掌握 NTFS 权限设置的方法。

实训四　Windows2000 Server 下活动目录的安装

一、实训目的

（1）掌握从 FAT 系统转换为 NTFS 系统的方法。
（2）理解活动目录概念及基本规则。
（3）掌握域控制器的创建方法。

二、实训环境

实训环境包括具有 Windows2000 Server 操作系统的计算机、局域网网络环境、Windows2000 Server 安装光盘。

三、实训难点

实训难点：理解域控制器基本概念及作用。

实训五 基于 IIS 的 WWW 和 FTP 服务

一、实训目的

（1）掌握 IIS 服务的安装方法。
（2）掌握 WWW 服务的配置及应用。
（3）掌握 FTP 服务的配置及应用。

二、实训环境

实训环境包括具有 Windows2000 Server 的计算机、局域网环境、Windows2000 Server 安装光盘。

实训六 DNS 服务器与 DHCP 服务器的安装和配置

一、实训目的

（1）安装、配置 DNS 服务器，提供局域网内的域名服务。
（2）学会 DHCP 服务器的安装和配置。

二、实训环境

实训环境包括多台具有 Windows2000 Server 的计算机、局域网环境、Windows2000 Server 安装光盘。

三、实训重点

（1）体会 DHCP 在目前 IP 地址紧缺的情况下灵活分配 IP 地址的作用。
（2）掌握域名服务的作用及服务过程。

实训七 Windows2000 Server 路由配置

一、实训目的

（1）理解路由器的工作原理及作用。
（2）掌握多网卡 IP 配置信息的安装设置过程。
（3）掌握 Windows2000 Server 路由与远程访问功能设置路由器的方法。
（4）掌握测试路由器工作的正确方法。

二、实训环境

实训环境包括具有 Windows2000 Server 操作系统的计算机（配置有两张网卡）、局域网网络环境。

三、实训难点

实训难点：掌握 Windows2000 Server 路由与远程访问功能设置路由器的方法。

实训八 基于 AR28-31 路由器的访问控制列表（ACL）

一、标准访问控制列表

1. 实验原理

标准访问控制列表只使用数据包的源地址来判断数据包，所以它只能以源地址来区分数据包，源地址相同而目的地址不同的数据包也只能采取同一种策略。所以利用标准访问控制列表，我们只能粗略的区别对待网内的用户群，哪些计算机能访问外部网，哪些不能。

2. 实验目的

（1）熟悉路由器包过滤的核心技术：访问控制列表。
（2）掌握访问控制列表的相关知识。
（3）掌握访问控制列表的应用，灵活设计防火墙。

3. 实验环境

在实际的企业网或者校园网络中为了保证信息安全以及权限控制，都需要分别对待网内的用户群。有的能够访问外部网，有的则不能。这些设置往往都是在整个网络的出口或是入口（一台路由器上）进行的。所以在实训室我们用一台路由器（RTA）模拟整个企业网，用另一台路由器（RTB）模拟外部网。具体实验环境如图 4-8-1 所示。

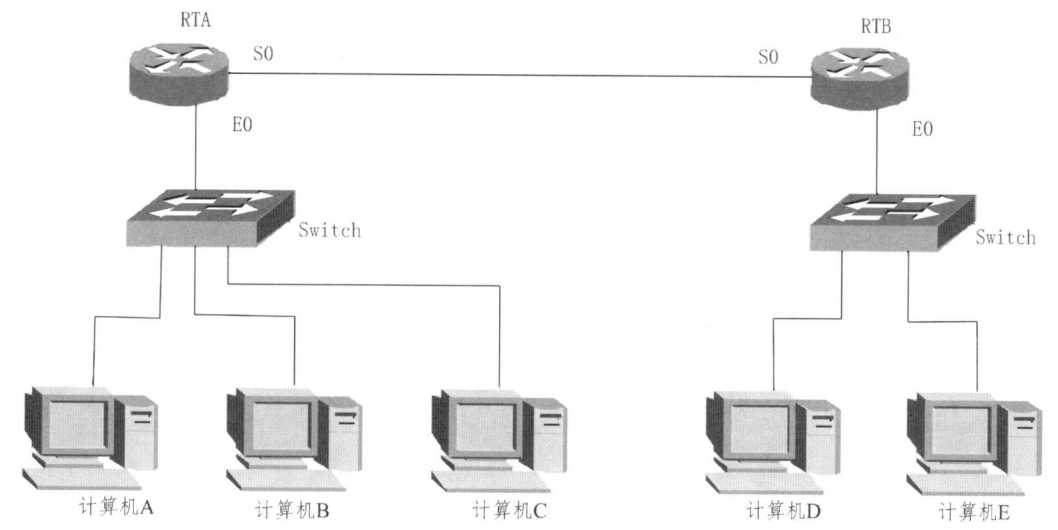

图 4-8-1　实现访问控制的组网

我们在实际实验时不一定需要两台交换机和多台计算机，交换机可以共用一台，但须要划分在不同的 VLAN 下，计算机至少两台，可以灵活改变计算机 IP 地址来满足实验需求。

4. 实验步骤

我们按照上面的组网图建立实验环境，然后按照如下规则分配 IP 地址。
路由器接口 IP 地址：如表 4-8-1 所示。

表 4-8-1　路由器接口 IP 地址

	RTA	RTB
S0	192.0.0.1/24	192.0.0.2/24
E0	202.0.0.1/24	202.0.1.1/24

计算机 IP 地址和网关地址如表 4-8-2 所示。

表 4-8-2　计算机 IP 地址及网关地址

	计算机 A	计算机 B	计算机 C	计算机 D	计算机 E
IP/MASK	202.0.0.2/24	202.0.0.3/24	202.0.0.4/24	202.0.1.2/24	202.0.1.3/24
GATEWAY	202.0.0.1	202.0.0.1	202.0.0.1	202.0.1.1	202.0.1.1

在实验环境中,我们如果只允许 IP 地址为 202.0.0.2 的计算机 A 访问外部网络,则只需在路由器上进行如下配置即可。

[RTA]display current-configuration

```
Now create configuration...
  Current configuration
  !
    version 1.74
    sysname RTA
    firewall enable                                      //启动防火墙功能
    aaa-enable
    aaa accounting-scheme optional
  !
    acl 2000 match-order auto
      rule normal permit source 202.0.0.2 0.0.0.0        //允许特定主机访问外部网络
      rule normal deny source 202.0.0.0 0.0.0.255        //禁止其他主机访问外部网络
  !
    interface Aux0
      async mode flow
      link-protocol ppp
  !
    interface Ethernet0
      ip address 202.0.0.1 255.255.255.0
  !
    interface Serial0
      clock DTECLK1
link-protocol ppp
ip address 192.0.0.1 255.255.255.0
firewall packet-filter 2000 outbound                     //使访问列表生效
    !
    interface Serial1
      link-protocol ppp
    !
    quit
    rip                                                  //启动路由协议
      network all
    !
    quit
    !
```

```
    return
[RTB] display current-configuration
    Now create configuration...
    Current configuration
    !
       version 1.74
       sysname RTB
       aaa-enable
       aaa accounting-scheme optional
    !
    interface Aux0
       async mode flow
       link-protocol ppp
    !
    interface Ethernet0
       ip address 202.0.1.1 255.255.255.0
    !
    interface Serial0
       clock DTECLK1
       link-protocol ppp
ip address 192.0.0.2 255.255.255.0
!
    interface Serial1
       link-protocol ppp
    !
    quit
    rip
       network all
    !
    quit
    !
    return
```

注意：在配置路由器时还需要配置防火墙的缺省工作过滤模式（firewall default {permit|deny}），因该命令配置与否在配置信息中没有显示，所以要特别注意。Quidway 系列路由器防火墙默认过滤模式是允许。在此我们也设为允许。（您可以设为禁止，看看实验现象。此时有可能路由器不能发现动态路由，因为路由协议也是用 IP 包去发现路由的，禁止了所有 IP 包的传送当然不可能生成动态路由。）我们完成上述配置之后，用网络测试命令测试计算机 A 是不是真的能够访问外部网络，其他计算机是不是不能访问外部网络呢？

在设置防火墙时，一般选择在路由器的出口，我们可以使用"firewall packet-filter 2000 outbound"来使防火墙生效，但是如果改为"firewall packet-filter 2000 inbound"呢？试试会是什么现象，是不是任何计算机都可以访问外部网络呢？答案是肯定的。那么我们如果是在 E0 口使用"firewall packet-filter 2000 inbound"命令呢？现象就如同开始一样了。我们现在明白 in 和 out 的意义了吗？我们甚至可以在 RTB 上来完成该项功能，完成如下配置即可达到同样的效果。

```
[RTA] display current-configuration
  Now create configuration...
    Current configuration
    !
      version 1.74
      sysname RTA
      aaa-enable
      aaa accounting-scheme optional
    !
      interface Aux0
        async mode flow
        link-protocol ppp
    !
      interface Ethernet0
        ip address 202.0.0.1 255.255.255.0
    !
      interface Serial0
        clock DTECLK1
        link-protocol ppp
  ip address 192.0.0.1 255.255.255.0
!
      interface Serial1
        link-protocol ppp
    !
    quit
    rip
      network all
    !
    quit
    !
    return

[RTB] display current-configuration
```

```
Now create configuration...
Current configuration
!
  version 1.74
  sysname RTB
  firewall enable
  aaa-enable
  aaa accounting-scheme optional
!
acl 2000 match-auto
  rule normal permit source 202.0.0.2 0.0.0.0
  rule normal deny source 202.0.0.0 0.0.0.255
!
interface Aux0
  async mode flow
  link-protocol ppp
!
interface Ethernet0
  ip address 202.0.1.1 255.255.255.0
!
interface Serial0
  clock DTECLK1
  link-protocol ppp
  ip address 192.0.0.2 255.255.255.0
  firewall packet-filter 2000 inbound
!
interface Serial1
  link-protocol ppp
!
quit
rip
  network all
!
quit
!
return
```

我们从上面的实验可以看出 in 和 out 两个方向不同的作用，以及使用不同接口的配置差异了。所以在设置防火墙时，我们需要仔细分析，灵活运用，选择最佳接口，用最简单的配置完成最完善的功能。

二、扩展访问控制列表

1. 实验原理

扩展访问控制列表不仅使用数据包的源地址作为判断条件，还使用目的地址、协议号为判断条件。所以它可以更加详细的区分数据包，更好的控制用户访问。

2. 实验目的

（1）熟悉路由器包过滤的核心技术：访问控制列表。
（2）掌握访问控制列表的相关知识。
（3）掌握访问控制列表的应用，灵活设计防火墙。

3. 实验环境

实验环境同标准访问控制列表（图 4-8-1）。

4. 实验步骤

路由器接口 IP 地址同表 4-8-1 所示。

计算机 IP 地址和网关地址同表 4-8-2 所示。

下面我们先应用扩展访问控制。

```
[RTA]display current-configuration
  Now create configuration...
  Current configuration
  !
    version 1.74
    sysname RTA
    firewall enable
    aaa-enable
    aaa accounting-scheme optional
  !
    acl 3000 match-order auto
      rule normal permit ip source 202.0.0.2 0.0.0.0 destination 202.0.1.0 0.0.0.255
      rule normal deny ip source 202.0.0.0 0.0.0.255 destination 202.0.1.0 0.0.0.255
  !
    interface Aux0
      async mode flow
      link-protocol ppp
```

```
    !
    interface Ethernet0
        ip address 202.0.0.1 255.255.255.0
    !
    interface Serial0
        clock DTECLK1
        link-protocol ppp
        ip address 192.0.0.1 255.255.255.0
        firewall packet-filter 3000 outbound
    !
    interface Serial1
        link-protocol ppp
    !
    quit
    rip
        network all
    !
    quit
    !
    Return
```

为便于比较，我们列表来完成前面标准访问控制列表完成的功能。在路由器上的具体配置如下。

```
[RTB]display current-configuration
    Now create configuration...
    Current configuration
    !
        version 1.74
        sysname RTB
    !
    interface Aux0
        async mode flow
        encapsulation ppp
    !
    interface Ethernet0
ip address 202.0.1.1 255.255.255.0
!
    interface Serial0
        clock DTECLK1
```

```
     link-protocol ppp
     ip address 192.0.0.2 255.255.255.0
   !
   interface Serial1
     clock-select DTECLK1
     encapsulation ppp
   !
   exit
   rip
     network all
     !
   quit
   !
   return
```

此时，我们用网络测试命令 ping 测试计算机的通信状况，应该和前面一样。扩展访问控制列表可以更加详细的控制访问，那么究竟怎样才能实现这项要求呢？我们只需要把"rule normal permit ip source 202.0.0.2 0.0.0.0 destination 202.0.1.0 0.0.0.255"换成"rule normal permit ip source 202.0.0.2 0.0.0.0 destination 202.0.1.2 0.0.0.0"即可以控制计算机 A 只能访问计算机 D，而使用标准访问控制列表是不能实现这项功能的。在访问控制列表命令中还有"normal"字段，这是区别于"special"的，即我们可以分时间段应用不同的访问控制策略。

实训九 地址转换（NAT）

一、实验原理

我们可以看到直接连接 Internet 的设备由 ISP 分配的一个有效的 Internet 地址（公共地址），而内网的设备全部使用私有地址。许多企事业单位都采用私有地址的结果是私有地址空间被重复使用，有助于防止公共地址的耗尽。私有地址在 Internet 上是不可达的，因而，来自私有地址主机的 Internet 通信必须向拥有有效公共地址的应用层服务器（比如代理服务器）发送它的请求，或者通过一个网络地址转换（NAT）设备，在信息发送到 Internet 之前将私有地址转换成公共地址。

二、实训目的

（1）熟练使用路由器包过滤的核心技术：访问控制列表。
（2）熟悉地址转换特性。

三、实训环境

实验环境同标准访问控制列表（图 4-8-1）。

四、实训步骤

路由器接口 IP 地址同表 4-8-1 所示。

计算机 IP 地址和网关地址同表 4-8-2 所示。

地址转换有两种方式：一种是通过与外网接口关联，使用外网物理接口的 IP 地址作为转换后的公有地址；另一种是通过地址池来完成地址转换，转换时可以任意从地址池中选取一个地址进行转换。我们先学习第一种方式，使用 RTA 的 S0 口的 IP 地址作为公有地址，路由器的具体配置如下。

```
[RTA]display Current-configuration
    Now create configuration...
    Current configuration
    !
    version 1.74
    sysname RTA
    firewall enable
    aaa-enable
    aaa accounting-scheme optional
    !
    acl 3001 match-order auto
rule normal permit ip source 202.0.0.2 0.0.0.0 destination any
//允许特定主机访问外部网络
rule normal permit ip source 202.0.0.3 0.0.0.0 destination any
//允许内部服务器访问外部网络
rule normal deny ip source any destination any
//禁止所有包通过
    !
    acl 3002 match-order auto
rule normal permit tcp source 202.0.1.2 0.0.0.0 destination 192.0.0.1 0.0.0.0
```

//允许特定外部主机访问内部服务器

rule normal deny tcp source 192.0.0.1 0.0.0.0 destination any

//禁止其他外部用户访问内部服务器

```
 !
 interface Aux0
   async mode flow
   link-protocol ppp
 !
 interface Ethernet0
   ip address 202.0.0.1 255.255.255.0
   firewall packet-filter 3001 inbound
 !
 interface Serial0
   clock DTECLK1
   link-protocol ppp
   ip address 192.0.0.1 255.255.255.0
   nat outbound 3002 interface                        //使列表与接口关联
   nat server global 192.0.0.1 ftp inside 202.0.0.3 ftp tcp 3002  //配置内部 ftp 服务器
 !
 interface Serial1
   link-protocol ppp
 !
 quit
 rip
   network all
 !
 quit
 !
 return
```

[RTB]display current-configuration

  Now create configuration...

  Current configuration

  !

```
version 1.74
sysname RTB
firewall enable
aaa-enable
aaa accounting-scheme optional
!
interface Aux0
  async mode flow
  link-protocol ppp
!
interface Ethernet0
  ip address 202.0.1.1 255.255.255.0
!
interface Serial0
  clock DTECLK1
  link-protocol ppp
  ip address 192.0.0.2 255.255.255.0
!
interface Serial1
  link-protocol ppp
!
quit
rip
  network all
!
quit
!
Return
```

我们在上面的配置中完成了内部向外部网络提供 ftp 服务,允许内部特定计算机 A 能够访问外部网络,允许外部特定用户计算机 D 可以访问 ftp 服务器。在计算机 B 上提供 ftp 服务,然后测试是否满足设计需求。

我们还可以使用监控与维护命令显示地址转换状态,如下所示。

[RTA]display nat

Nat address-group Information:
   Not config any address group

Server in Private network Information:
Interface   GlobalAddr   GlobalPort   InsideAddr   InsidePort   Proto   ACL
Serial0   192.0.0.1   21（ftp）   202.0.0.3   21（ftp）   6（tcp）   3002
Nat Access table Information:
         Serial0：ACL（3002）--- Interface
         total items：0，hash items：0，ext-list items：0

Nat timeout value Information:
   tcp ---- timeout value is   240（seconds）
   udp ---- timeout value is   40（seconds）
   icmp ---- timeout value is   20（seconds）
   frag ---- timeout value is   30（seconds）

我们从显示信息可以看到地址转换对应表，地址池信息以及地址转换有效时间。我们还可以根据需要更改地址转换有效时间（nat timeout）。我们可以查看 nat 的调试信息，举例如下。

[RTA]debug nat packet
   Debugging NAT packet is on
[RTA]
NAT In：find a TCP packet to server（192.0.0.1：21---->202.0.0.3：21）
NAT_Forward：TCP packet to inside server（202.0.0.3：21----->192.0.0.1：21）
NAT In：find a TCP packet to server（192.0.0.1：21---->202.0.0.3：21）
NAT_Forward：TCP packet to inside server（202.0.0.3：20----->192.0.0.1：20）
NAT_Forward：TCP packet to inside server（202.0.0.3：21----->192.0.0.1：21）
NAT In：find a TCP packet to server（192.0.0.1：20---->202.0.0.3：20）

我们可以通过"debug nat packet"命令检查是否有数据包被转换，地址是如何转换的。这对我们的调试有很大帮助。

第二种地址转换方式是地址池关联。该方式可以应用多个公有地址来完成地址转换，满足带宽需求。该方式的配置如下。（RTB 不作改变）

[RTA]display current-configuration

```
Now create configuration...
Current configuration
!
    version 1.74
    sysname RTA
    nat aging-time tcp 300                          //设定地址转换有效时间
    nat address-group 192.0.0.3 192.0.0.4 ddd       //配置地址池
    firewall enable
    aaa-enable
    aaa accounting-scheme optional
!
acl 3001 match-order auto
    rule normal permit ip source 202.0.0.2 0.0.0.0 destination any
    rule normal permit ip source 202.0.0.3 0.0.0.0 destination any
    rule normal deny ip source any destination any
!
acl 3002 match-order auto
    rule normal permit tcp source 202.0.1.2 0.0.0.0 destination 192.0.0.3 0.0.0.0
    rule normal deny tcp source 192.0.0.3 0.0.0.0 destination any
!
interface Aux0
    async mode flow
    link-protocol ppp
!
interface Ethernet0
    ip address 202.0.0.1 255.255.255.0
    firewall packet-filter 3001 inbound
!
interface Serial0
    clock DTECLK1
    link-protocol ppp
    ip address 192.0.0.1 255.255.255.0
    nat outbound 3002 address-group ddd             //将列表与地址池关联
    nat server global 192.0.0.3 ftp inside 202.0.0.3 ftp tcp 3002
```

```
    !
    interface Serial1
       link-protocol ppp
    !
    quit
    rip
       network all
    !
    quit
    !
    return
```

我们完成上述配置后,测试功能需求,应该满足需要。注意在本实验中配置地址池时是使用的开始地址和结束地址,所以地址池中的地址是连续的,且最多只能定义 64 个地址。

五、小 结

关于防火墙,我们主要讲述了标准访问控制列表、扩展访问控制列表以及地址转换。我们在完成实验时要多注意其中的区别与联系,特别是不同的使用场合。

参考文献

[1] 张公忠，张华. 现代网络技术教程[M]. 3版. 北京：电子工业出版社，2012.

[2] 吴功宜，郑基强. 计算机网络教程[M]. 2版. 北京：中国铁道出版社，2014.

[3] 吴企渊，柳明义. 计算机网络应用技术教程[M]. 北京：清华大学出版社，2013.

[4] 高传善，李明琪. 信息网络技术原理[M]. 北京：机械工业出版社，2013.

[5] 张基温，张明俞. 计算机网络[M]. 2版. 北京：人民邮电出版社，2015.